高等职业教育工匠工坊新型活页式系列教材

微信小程序项目实战

马　静　郭立文　顾旭峰◎主　编
郑　赢　杨殿杰　赫　磊◎副主编

中国铁道出版社有限公司
CHINA RAILWAY PUBLISHING HOUSE CO., LTD.

内 容 简 介

本书的编写以“项目导向、任务驱动、基于工作过程”为宗旨，通过3个企业真实项目，详细介绍了微信小程序的基础知识和开发技巧。全书分为3个项目、13个单元、30个任务，每个任务又以“任务描述”“任务目标”“任务实现”“任务考评”为主线，介绍了项目管理工具TAPD、项目版本控制系统Git、项目托管服务平台Gitee，微信开发者工具、小程序目录结构、MVC框架、数据绑定、列表渲染、自定义组件的封装，视图容器、基础内容、表单、导航、媒体等小程序常用组件，网络请求API、数据缓存API、内置地图与拨打电话API，微信小程序项目测试、项目审核与发布等内容。

本书将微信小程序开发技术贯穿所有项目任务之中，根据企业实际设计开发小程序的步骤，分任务逐步完成项目，同时在任务实现中引入“知识链接”，重点讲解了项目知识和技能点，有助于读者掌握微信小程序开发核心技术，并养成良好的职业素养。

本书通俗易懂，内容广泛、充实，实用性强，既可作为高等职业院校“微信小程序开发”课程的教材，也可作为微信小程序开发人员的参考资料或培训教材。

图书在版编目（CIP）数据

微信小程序项目实战 / 马静，郭立文，顾旭峰主编. —北京：中国铁道出版社有限公司，2022.12

高等职业教育工匠工坊新型活页式系列教材

ISBN 978-7-113-29265-2

Ⅰ.①微… Ⅱ.①马… ②郭… ③顾… Ⅲ.①移动终端-应用程序-程序设计-高等职业教育-教材 Ⅳ.①TN929.53

中国版本图书馆CIP数据核字（2022）第099274号

书　　名：微信小程序项目实战

作　　者：马　静　郭立文　顾旭峰

策　　划：翟玉峰　谢世博　　　**编辑部电话：**（010）83525088

责任编辑：王占清

编辑助理：谢世博

封面设计：郑春鹏

责任校对：孙　玫

责任印制：樊启鹏

出版发行：中国铁道出版社有限公司（100054，北京市西城区右安门西街8号）

网　　址：http://www.tdpress.com/51eds/

印　　刷：北京联兴盛业印刷股份有限公司

版　　次：2022年12月第1版　2022年12月第1次印刷

开　　本：787 mm×1 092 mm　1/16　**印张：**17　**字数：**383千

书　　号：ISBN 978-7-113-29265-2

定　　价：59.00元

前言

本书的编写以“项目导向、任务驱动、基于工作过程”为宗旨，详细介绍了微信小程序的基础知识与开发技巧。

全书共包含3个项目、13个单元、30个任务，主要内容如下：

项目一　豆瓣评分

通过7个单元，16个任务介绍“豆瓣评分”微信小程序项目开发的全过程。

单元一项目准备：介绍目前企业在进行微信小程序团队合作开发时会使用的3个工具——项目管理工具TAPD、项目版本控制系统Git、项目托管服务平台Gitee。在创建项目任务中，详细介绍了注册登录微信公众平台、安装与使用微信开发者工具、在微信开发者工具中配置版本管理（Git）工具、整理项目初始代码、新建项目所需页面、小程序的基本目录结构等内容。

单元二自定义组件的封装：介绍“豆瓣评分”项目中搜索栏、评分星星、数据模块组件、首页模块组件、短评组件的实现。在知识链接中详细介绍了MVC框架、自定义组件的基本知识和使用方法、view组件、navigator组件、image组件、scroll-view可滚动视图容器组件和wx:if条件渲染。

单元三至单元七介绍豆瓣评分小程序中首页、列表页、搜索功能、详情页和短评列表功能的实现。在知识链接中详细介绍了微信小程序网络请求方法、小程序页面生命周期、使用wx:for实现对象的遍历、setData函数、数据缓存API、flex布局样式、text和button组件使用方法、wx.navigateBack()接口的功能与使用方法。

项目二　琪斐定制家居馆

通过2个单元，8个任务介绍“琪斐定制家居馆”微信小程序项目开发的全过程。

单元一产品展示和联系我们：介绍“琪斐定制家居馆”小程序中tab标签导航的配置、“产品展示”和“联系我们”页面的实现。在知识链接中详细介绍了全局配置文件app.json的功能、image组件、内置地图与拨打电话API。

单元二首页模块：介绍首页展示、公司简介页、产品服务页、典型案例页和最新产品页的实现。在知识链接中详细介绍了swiper组件、block wx:for的使用方法、bindtap点击事件的使用。

项目三　番茄时钟

“番茄时钟”小程序项目开发包括：主页、记录页、设置页、项目测试及审核与发布 4 个单元，共 6 个任务。

单元一主页：介绍在主页中实现“工作”与“休息”两种状态下的倒计时功能，在知识链接中详细介绍了 app.wxss 文件的作用、input 组件的使用方法。

单元二记录页：介绍在记录页中实现倒计时开始与停止时间与状态展示功能，并在知识链接中详细介绍了 wx.setNavigationBarTitle 小程序 API 的使用、scroll-view 组件的使用和 wx.showToast、wx.showModal 小程序 API 的使用。

单元三设置页：介绍在设置页中实现倒计时时长等参数设置功能，并在知识链接中详细介绍了 slider、switch 组件功能、属性和使用方法。

单元四项目测试及审核与发布：介绍小程序测试流程，权限测试、分类测试、版本配置测试、兼容性测试、易用性测试等测试方法，《微信小程序平台运营规范》，《微信小程序平台审核常见被拒绝的情形》，小程序审核与发布的基本操作方法。

本书为校企合作教材，编写人员包括陕西国防工业职业技术学院的马静、郭立文、赫磊，南京第五十五所技术开发有限公司的顾旭峰，沈阳职业技术学院的郑赢，江苏一道云科技发展有限公司的杨殿杰。由马静、郭立文、顾旭峰任主编，郑赢、杨殿杰、赫磊任副主编。本教材项目一中的单元一由郭立文编写，单元二中任务一～任务三由郑赢编写，任务四、任务五由顾旭峰编写，单元三～单元五由赫磊编写，单元六由马静编写，单元七由杨殿杰编写；项目二和项目三的所有单元内容由马静编写。

在本书的编写过程中得到了编者所在单位领导和同事的帮助与大力支持，教材中项目源代码和部分微课视频由江苏一道云科技发展有限公司提供，在此表示由衷的感谢。

本书各项目均有配套视频，视频仅作为参考使用。由于编者水平有限，书中不足之处在所难免，敬请广大读者批评指正。

编　　者

2022 年 8 月

目 录

视频目录

项目一

豆瓣评分

“豆瓣评分”是一个能够为用户提供电影，电视剧，综艺类影视作品简介、评分和发表评论的微信小程序。用户可以在首页中浏览或搜索自己感兴趣的影视作品，点击任意影片后可在详情页中查看该影片的简介、评分及评论信息，从而对该影片有一个详细的了解。该项目的开发包括项目准备、自定义组件的封装、首页、列表页、搜索功能、详情页、短评列表功能 7 个单元。

单元一 项目准备

本单元主要介绍微信小程序项目开发之前的准备工作，包括 TAPD 的使用、Git 的使用、码云（Gitee）的使用，以及在微信开发者工具中完成项目的创建。

学习目标

- 掌握 TAPD 工具的使用方法；
- 掌握 Git 版本控制系统的基本配置与使用方法；
- 掌握码云（Gitee）的基本操作方法；
- 掌握微信开发者工具的使用方法；
- 掌握微信小程序项目的创建；
- 熟悉微信小程序基本目录结构。

任务一 TAPD 的使用

任务描述

情境描述	经过和技术员的探讨，项目经理经过深思熟虑后决定使用TAPD作为协同办公工具。 TAPD是一个用来做项目管理和追踪的工具，可以有效地规划项目实施流程及上传文件，相较于其他的项目管理平台有绝对的优势。 TAPD可为全生命周期的产品研发提供解决方案，支持敏捷需求规划、迭代计划跟踪、测试与质量保证、持续构建交付等全过程研发实践，可助力企业提升研发效能，实现数字化转型升级。
任务流程	（1）TAPD账号注册登录。 （2）快速上手TAPD： ①注册公司； ②在TAPD中创建项目； ③作为管理员，邀请成员加入公司项目； ④导航栏功能，工作台、个人文档、项目、消息； ⑤使用TAPD看板、在线文档、敏捷需求规划、迭代计划与跟踪、任务工时管理、缺陷跟踪管理、测试计划与用例、持续集成。
任务准备	（1）进入https://www.tapd.cn/official/index官网，注册个人账号； （2）登录账号，创建项目； （3）邀请成员。

任务目标

知识目标	了解TAPD三种解决方案： （1）轻量协作解决方案； （2）敏捷研发解决方案； （3）Devops解决方案 。
技能目标	掌握TAPD提供看板、在线文档、敏捷需求规划、迭代计划与跟踪、任务工时管理、缺陷跟踪管理、测试计划与用例、持续集成、持续交付部署等常规操作。

任务实现

步骤1： 注册个人账号。

（1）进入官网https://www.tapd.cn/，找到导航栏右侧“注册”按钮，如图1-1-1所示。

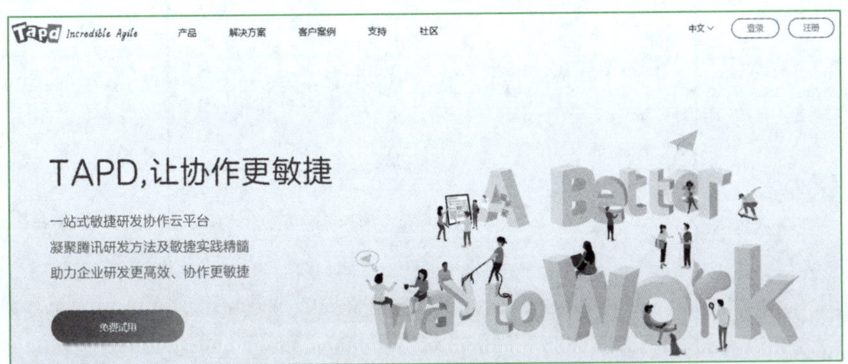

图 1-1-1　进入官网

（2）单击“注册”按钮进行下一步操作。如图1-1-2所示，选择“专业版”。

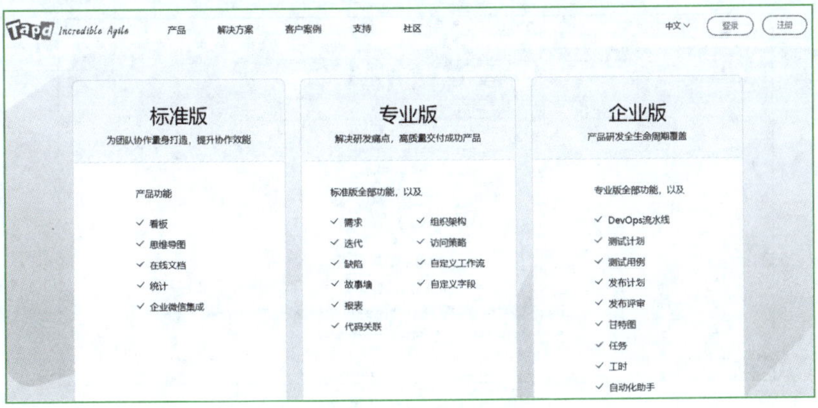

图 1-1-2　选择注册类型

（3）单击“免费试用”按钮，进行下一步，如图1-1-3所示，填写手机号及验证码。

图 1-1-3　注册页面填写手机号及验证码

（4）单击“下一步”按钮，如图1-1-4所示，完善注册相关信息。

图 1-1-4　完善注册相关信息

（5）单击“下一步”按钮，验证邮箱后，即可完成注册，如图1-1-5所示。

图 1-1-5　验证邮箱

步骤2： 登录账号。

（1）进入官网https://www.tapd.cn/，找到导航栏右侧“登录”按钮，如图1-1-6所示。

图 1-1-6　进入官网

（2）单击“登录”按钮，如图1-1-7所示，填写账号及密码登录。

欢迎来到TAPD
请输入邮箱或手机
请输入密码
登　录
企业微信登录
还没有账号？注册公司
忘记密码？

图 1-1-7　登录页面

（3）登录成功，显示页面如图1-1-8所示。

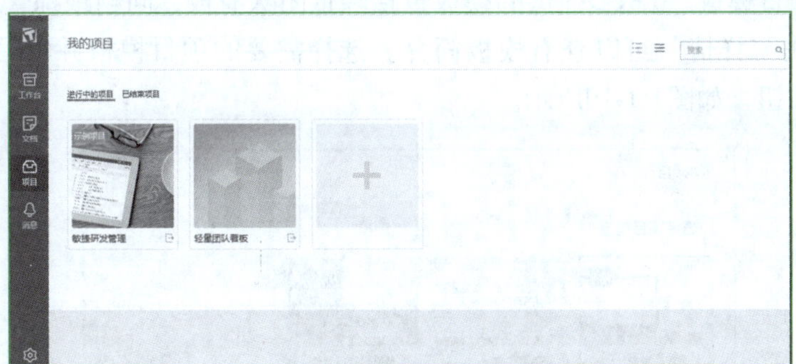

图 1-1-8　登录成功

步骤3： 注册公司。

注册个人账号后进入TAPD官网注册页面，可免费创建标准版或专业版的公司。标准版可以通过手机号或邮箱进行注册；专业版则需要按照提示完善公司与个人资料。资料填写完成后，进入邮箱查收激活邮件，即可完成注册。

注意：

一个邮箱或手机号只能注册一家公司。若已经重复注册，请按照注册页面提示解除绑定，或登录账号后更改绑定信息。注册公司后，注册者将自动成为公司管理员。若希望申请个人账号加入现有的TAPD公司，可以直接通过公司管理员的邀请加入。

步骤4： 创建项目。

（1）登录账号后，鼠标指针悬停在左侧导航栏“项目”选项上，在扩展页上可查看项目列表。单击列表最下方“创建项目”选项，如图1-1-9所示，打开“创建项目”窗口。

提示：

系统初始化提供两个示例项目，新用户也可以直接在该项目中修改，快速上手。

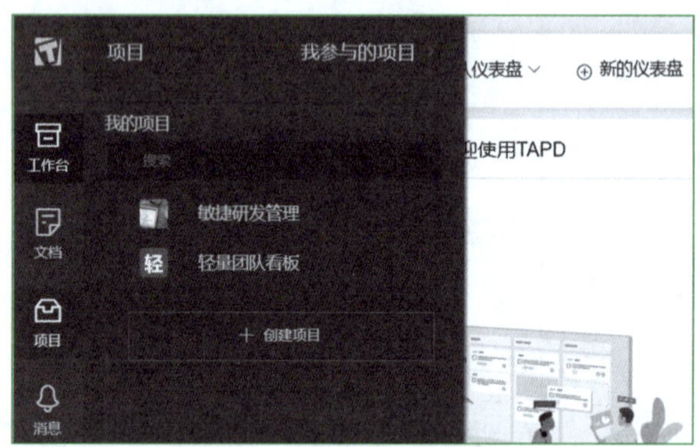

图 1-1-9 “项目”扩展页

（2）选择项目模板。TAPD提供的模板包括轻量团队看板、问题跟踪管理和轻量敏捷项目管理，单击“详情”可以查看模板简介。选择需要的项目模板并填写项目信息后，单击“创建”按钮，如图1-1-10所示。

图 1-1-10 “创建项目”窗口

步骤5: 邀请成员。

（1）邀请成员加入公司，主要有两种方式。

方式一，注册公司时直接邀请。此方式是在注册公司成功后立即邀请，如图1-1-11所示。

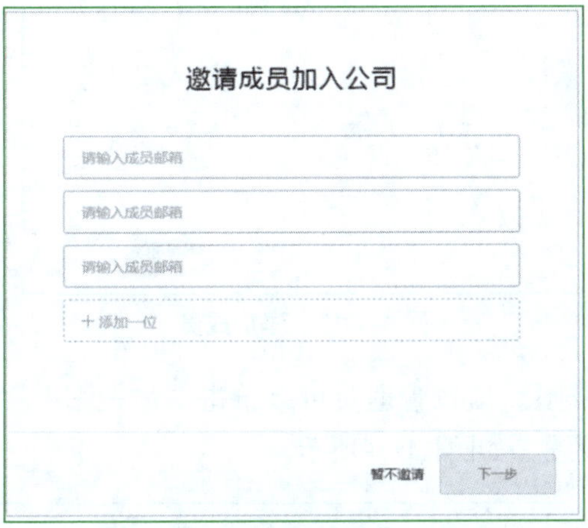

图 1-1-11 “邀请成员”页面

方式二，通过公司成员管理邀请。公司管理员可以单击导航栏左下角的“齿轮图标”，选择“公司管理”→“成员管理”，打开“成员管理”扩展页面，如图1-1-12所示。在页面中单击“添加成员”按钮，可以通过邮箱、链接、二维码邀请以及手动添加信息等方式添加成员，如图1-1-13所示。

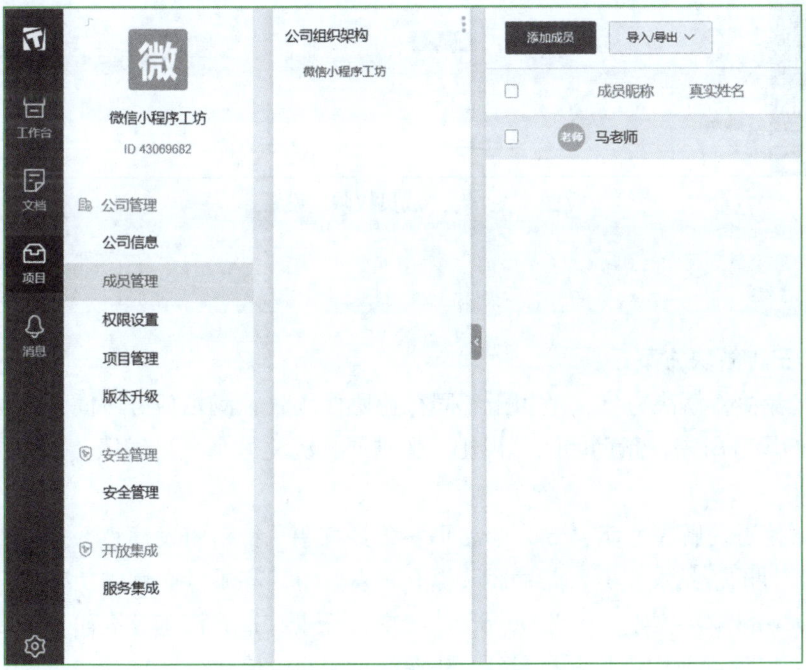

图 1-1-12 “成员管理”扩展页面

图 1-1-13　添加成员

（2）设置公司成员权限。项目管理员可以单击“齿轮图标”，选择“权限设置”选项，进入“成员权限”设置，如图1-1-14所示。

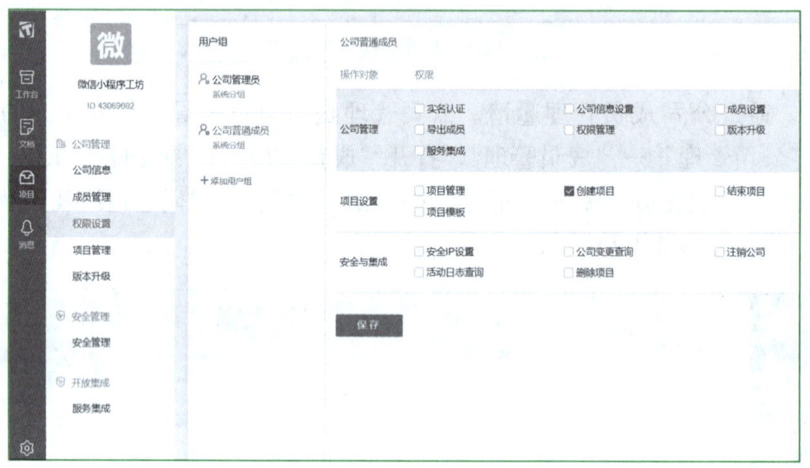

图 1-1-14　“成员权限”设置

知识链接

TAPD三种解决方案：

（1）轻量协作解决方案：适用于不同行业协作场景，满足任务协同、文档协作和沟通交流的场景所需，帮助团队可视化工作进展、沉淀分享项目知识、提升团队协作效率。

（2）敏捷研发解决方案：专为产品研发场景打造，针对研发痛点，提供贯穿敏捷研发生命周期的一站式服务，帮助团队提升研发效率，高质量交付成功产品。

（3）Devops解决方案：专为Devops持续交付场景打造，深度整合研发工具链，助力团队高效、可靠地构建与发布产品，快速交付用户价值。

任务考评

【TAPD 的使用】考评记录

姓名		完成日期	
序号	考核内容	标准分	评分
01	注册个人账号	10	
02	登录账号	10	
03	注册公司	20	
04	创建项目	25	
05	邀请成员	25	
06	完成任务收获积累：	10	
总评分		100	

学习笔记

任务二 Git 的安装与使用

任务描述

情境描述	经过和技术人员的探讨，项目经理最终决定使用 Git 作为项目版本的控制系统。 Git 是一个开源的分布式版本控制系统，可以高效、快速地处理小型或大型项目的版本管理，是目前使用范围最广的版本管理工具。 对比集中式的版本管理系统，不会出现因中心服务器死机影响工作，而是可以先将文件存储在本地，等服务器维修后还可以接着进行工作，并且Git的社区灵活，拥有丰富的资料来进行学习查阅，Git是开源的，它强调个体，并且对于公共服务器压力不会太大，大小项目均可管理，拥有良好的分支机制，Git的分支只要不提交合并，对其他人没有任何影响，并且Git是统一管理数据，存放在称为.git的文件目录里面。
任务流程	（1）下载 Git 离线安装包（提供Git OSX版、Git Windows版或Git Linux版），可选择下载自己所需要的版本； （2）安装 Git； （3）Git的配置； （4）Git常用命令使用。
任务准备	（1）使用Git服务需要在系统上安装好Git。Git的安装首先需要根据自己的计算机系统选择下载对应的Git安装包，并正确安装； （2）配置Git参数。

任务目标

知识目标	（1）掌握Git离线安装包的下载方法； （2）掌握Git的正确安装方法； （3）掌握Git的基本配置与使用方法； （4）熟悉Git工作区、暂存区和版本库概念。
技能目标	（1）能够熟练下载并安装Git； （2）能够熟练使用Git的基本配置； （3）熟练掌握Git Bash命令： • 仓库初始化：git init。 • 查看当前repository状态：git status。 • 查看上一次修改：git diff。 • 查看最近提交日志：git log。 • 退回到上一个版本：git reset -HEAD^。 • 从远程仓库下载代码：git clone 下载地址。

任务实现

步骤1: 下载Git离线安装包。

（1）进入Git的官方下载页面。打开浏览器，在地址栏输入Git官网下载页面的网址“https://git-scm.com/downloads”，进入官网的下载页面，如图1-1-15所示。

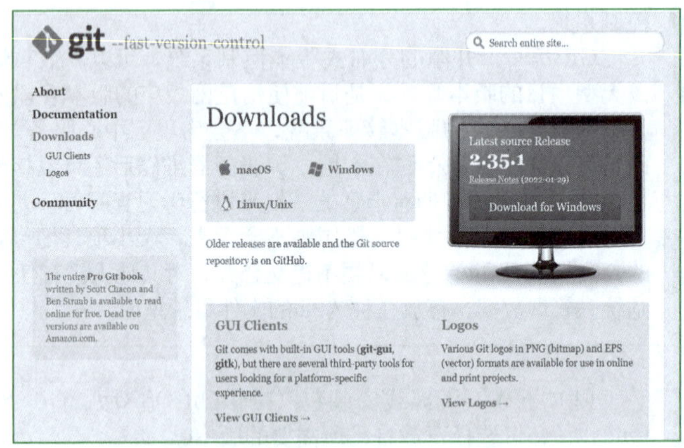

图 1-1-15　Git 官方下载页面

（2）根据自己的计算机系统选择适配的Git版本，单击并下载。

步骤2: 安装Git。

（1）双击下载好的Git离线安装包，进入安装流程。Git离线安装包如图1-1-16所示。

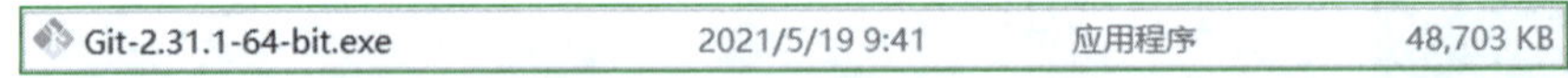

图 1-1-16　Git 离线安装包

（2）进入安装流程之后，单击“Next”按钮进行下一步操作。进入“Information”界面，如图1-1-17所示。

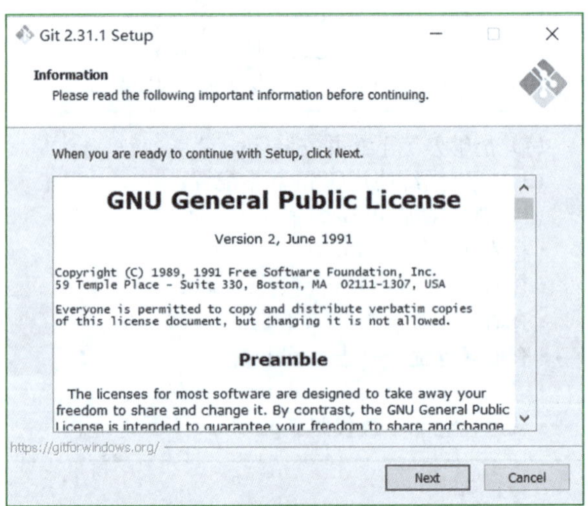

图 1-1-17　“Information”界面

（3）单击“Next”按钮进入自定义安装路径界面，设置安装目录，如图1-1-18所示。

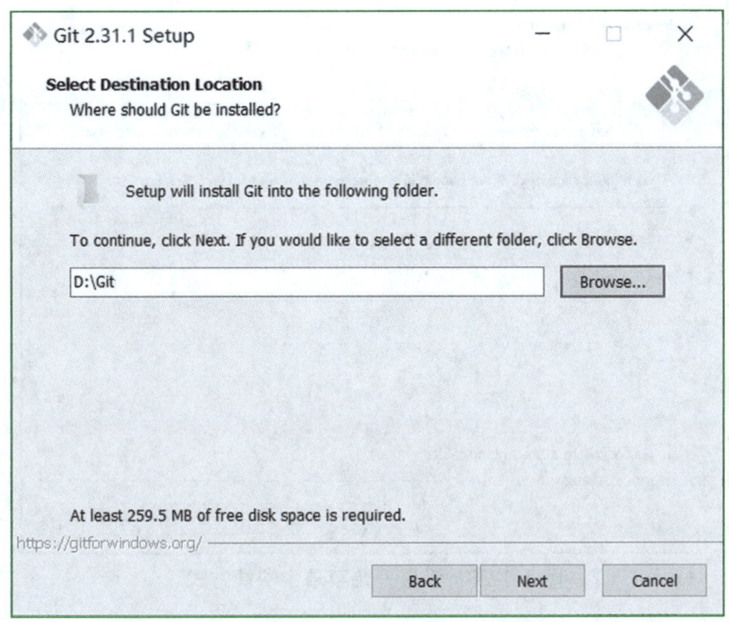

图 1-1-18　自定义安装路径界面

（4）单击“Next”按钮进入选择组件界面，如图1-1-19所示。选择倒数第二个组件复选框，表示在所有命令行中使用 TrueTYpe字体。

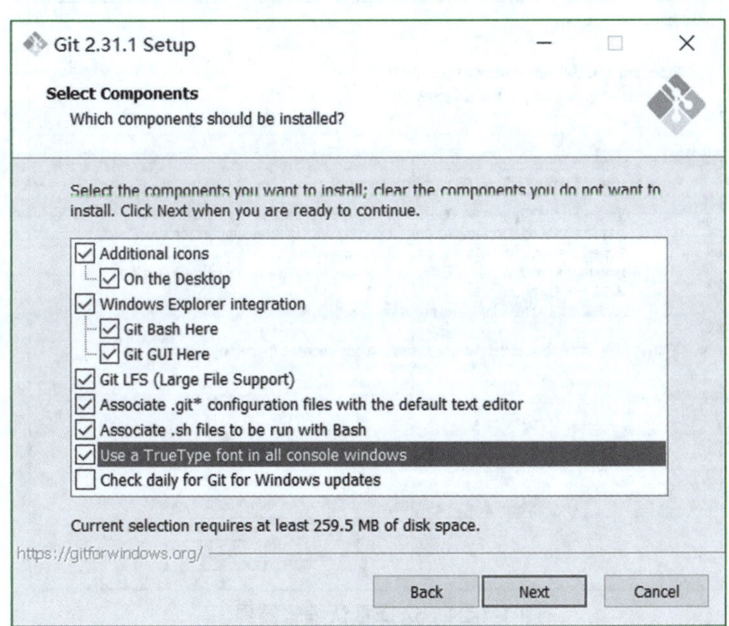

图 1-1-19　选择组件界面

（5）单击“Next”按钮进入开始菜单快捷方式目录界面，如图1-1-20所示。设置开始菜单中快捷方式的目录名称，也可以在界面下方选择复选框，表示不在开始菜单中创建快捷方式。

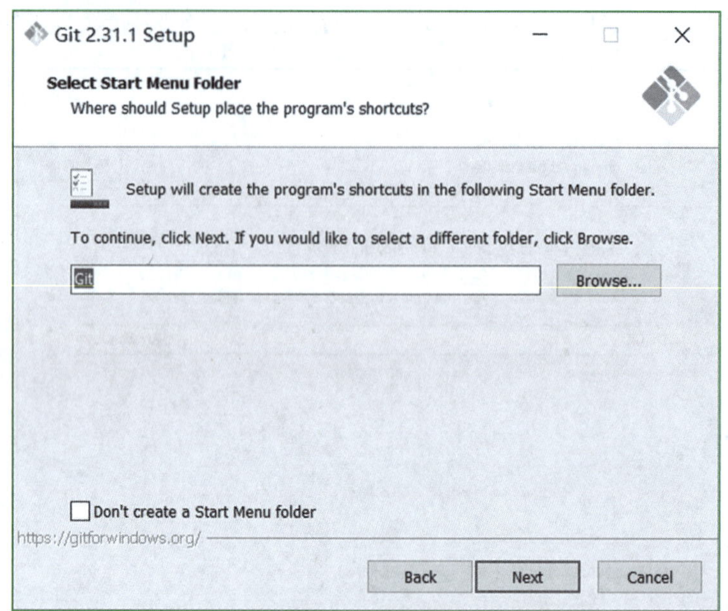

图 1-1-20　设置开始菜单中快捷方式

（6）单击“Next”按钮进入选择默认编辑器界面，如图1-1-21所示。本案例使用VScode作为默认编辑器，在下拉列表框中选择“Use Visual Studio Code as Git's default editor”选项即可。

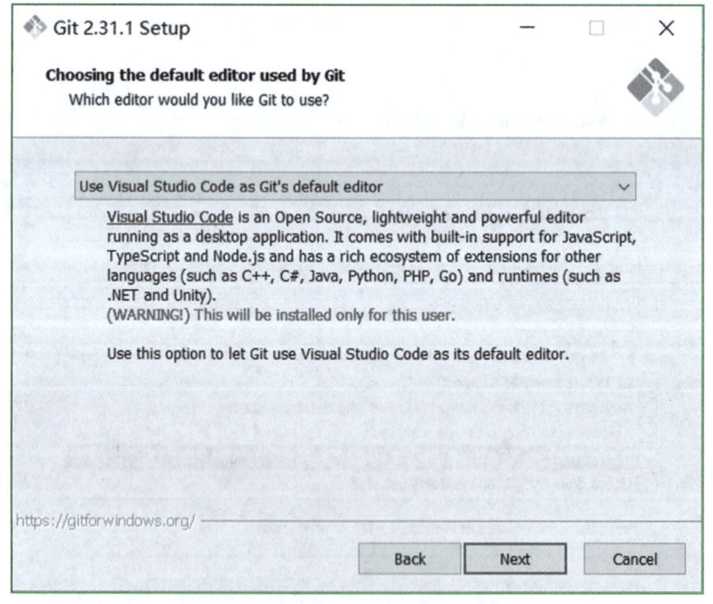

图 1-1-21　选择默认编辑器界面

（7）单击“Next”按钮进入选择初始化分支名称界面，如图1-1-22所示。默认选择第一个单选按钮即可。单选按钮1：允许Git使用默认分支名称“master”作为初始分支新创建的存储库。单选按钮2：重命名存储库的默认分支，许多团队已经重新命名了他们的默认分支，例如“主”“主干”“开发”等，指定初始分支应该使用的名称“git init”。

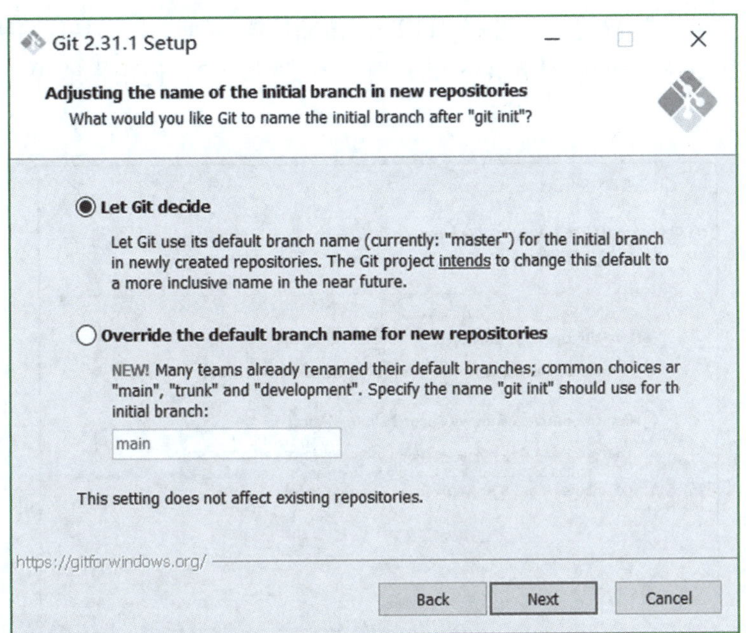

图 1-1-22 选择初始化分支名称界面

（8）单击“Next”按钮进入修改系统的环境变量界面，如图1-1-23所示。选择默认的第二个单选按钮即可。单选按钮1：不会修改系统环境变量，但是Windows系统cmd命令行中无法使用 Git 命令。单选按钮2：将 Git 相关程序加入系统环境变量中，使得 Windows 系统 cmd 命令行中可以使用 Git 命令。单选按钮3：将 Git 相关程序以及一些其他的 UNIX 工具加入系统环境变量，使得 Windows 系统 cmd 命令行中可以使用Git 以及 UNIX 工具，注意这将覆盖 Windows 工具，例如“find”和“sort”，只有在了解其含义后才使用此选项。

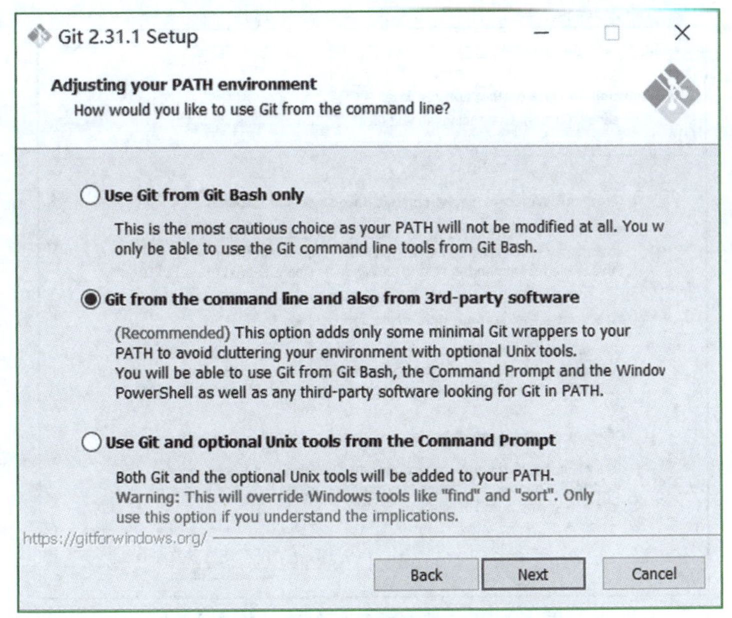

图 1-1-23 修改系统环境变量界面

（9）单击"Next"按钮进入选择 HTTPS 传输后端界面，如图1-1-24所示。选择第一个单选按钮。单选按钮1：使用 OpenSSL 库。单选按钮2：使用本地 Windows 安全通道库。

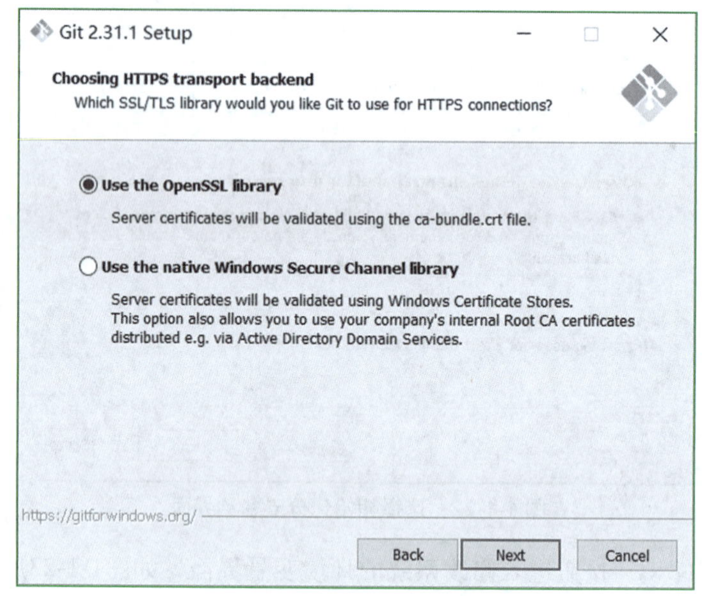

图 1-1-24　选择 HTTPS 传输后端界面

（10）单击"Next"按钮进入选择配置行结束转换界面，如图1-1-25所示。默认选择第一个单选按钮配置即可。单选按钮1：Git能够自动转换文件中的换行符，迁出到本地时转换为 Windows 下的换行符，提交到服务器时转换为 UNIX 下的换行符。单选按钮2：选项让 Git 在迁出到本地时不做转换，保留原始文件的换行符，提交到服务器时转换为 UNIX 下的换行符。单选按钮3：让 Git 在迁出到本地时和提交到服务器时都不做转换。

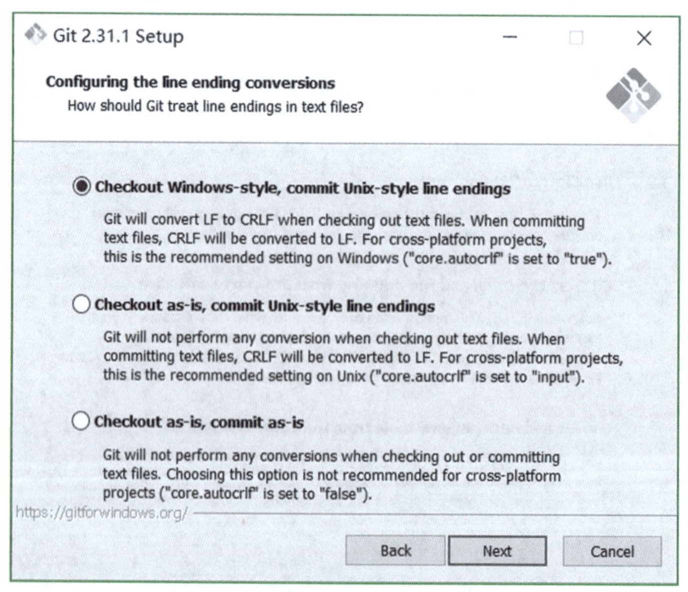

图 1-1-25　选择配置行结束转换界面

（11）单击“Next”按钮进入选择终端模拟器界面，如图1-1-26所示。默认选择第一个单选按钮配置即可。单选按钮1：Git Bash 将使用 MinTTY 作为终端模拟器，该模拟器具有可调整大小的窗口，非矩形选区和Unicode 字体。单选按钮2：使用 Windows 系统 cmd 命令行来作为 Git 命令行。

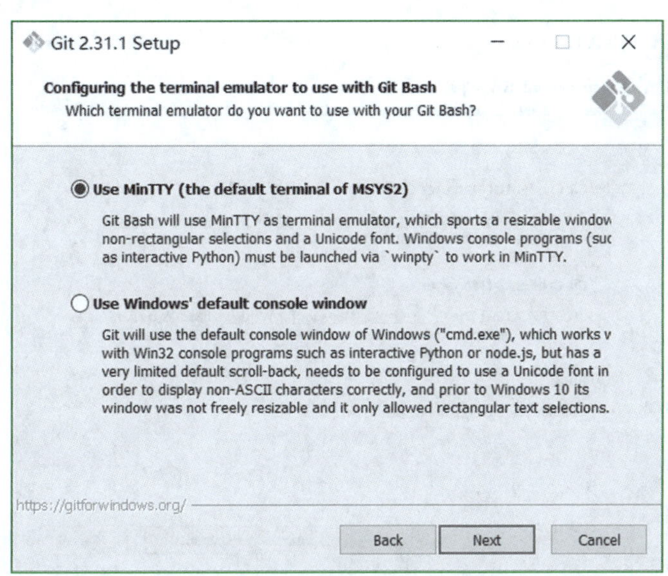

图 1-1-26 选择终端模拟器界面

（12）单击“Next”按钮进入选择git仓库获取最新分支方式界面，如图1-1-27所示。默认选择第一个单选按钮即可。单选按钮1：默认选项，“git获取仓库最新”的标准行为，将当前分支快速转发到已获取的分支，否则将创建并提交。单选按钮2：将当前仓库分支重新定位到最新的仓库分支上，如果没有重新定位分支将提交本地仓库，相当于快速转发。单选按钮3：快速从仓库取来最新的分支，如果失败就默认。

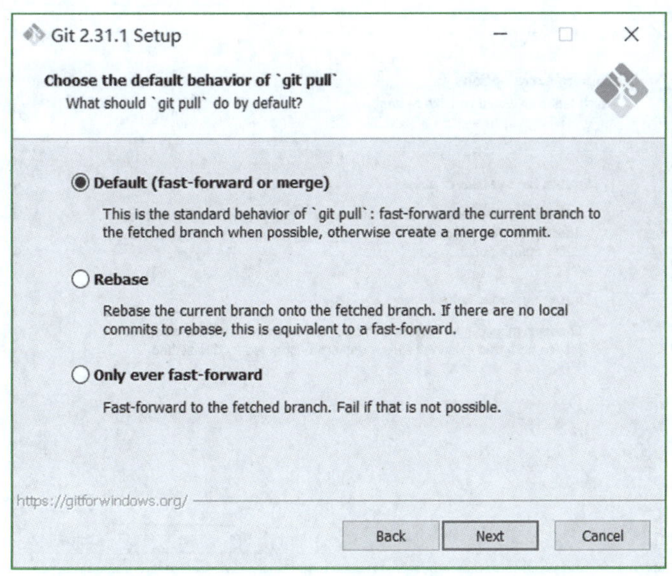

图 1-1-27 选择 git 仓库获取最新分支方式界面

（13）单击“Next”按钮进入选择凭据助手界面，如图1-1-28所示，默认选择单选按钮1即可。单选按钮1：使用新的跨平台版本的Git凭据 Manager。单选按钮2：Git凭据Manager for Windows 处理凭据（不推荐），例如Azure DevOps 和 GitHub（需要.NET framework v4.5.1或更高版本）。单选按钮3：不要使用凭据助手。

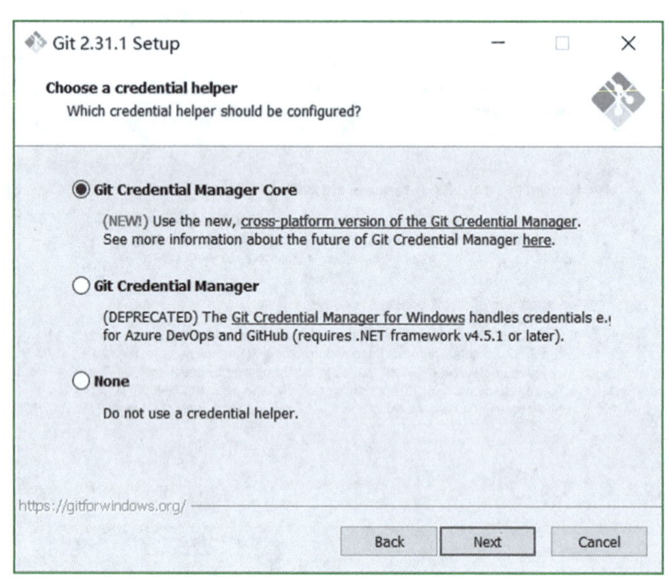

图 1-1-28　选择凭据助手界面

（14）单击“Next”按钮进入额外配置选项界面，如图1-1-29所示，默认选择复选框1即可。复选框1：启用文件系统缓存，文件系统数据将被批量读取并缓存在内存中用于某些操作（“core.fscache”设置为“true”），这提供了显著的性能提升。复选框2：启用符号链接，启用符号链接（需要SeCreateSymbolicLink权限），请注意现有存储库不受此设置影响（根据需要选择）。

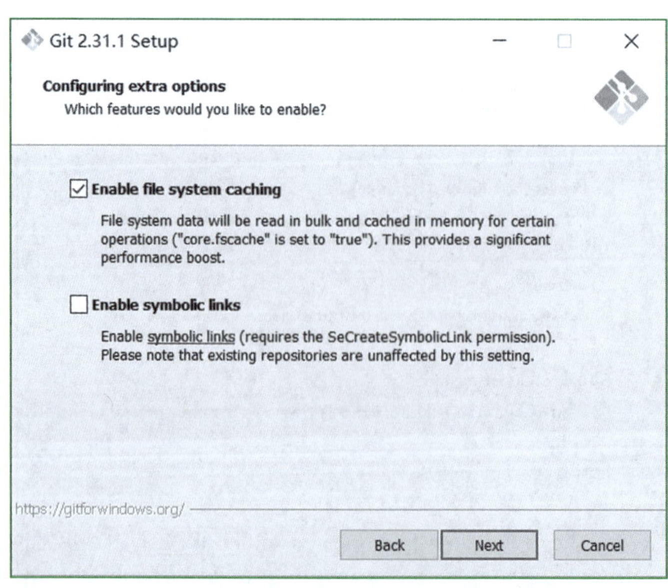

图 1-1-29　额外配置选项界面

（15）单击“Next”按钮进入配置实验选项界面，如图1-1-30所示。界面中的复选框允许运行本地控制台程序，不推荐选择该复选框。

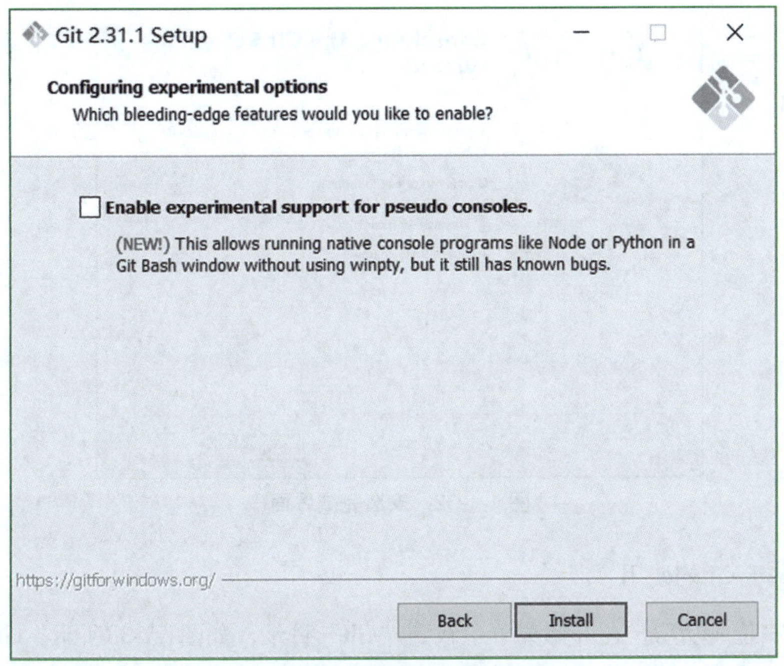

图 1-1-30 配置实验选项界面

（16）单击“Install”按钮进入安装界面，如图1-1-31所示。

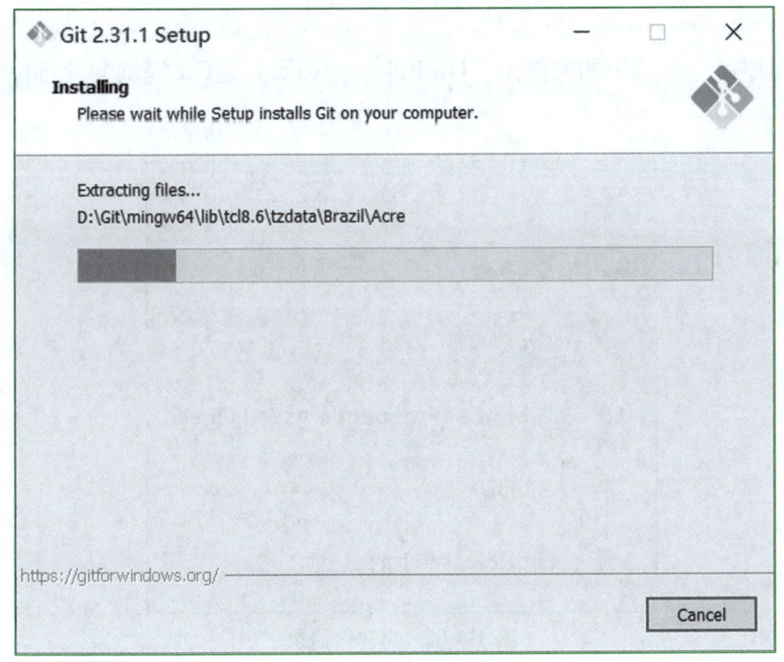

图 1-1-31 安装界面

（17）安装完成后在打开的界面中，单击“Finish”按钮完成安装并退出安装界面。

复选框1：启动Git Bash。复选框2：查看发行说明，如图1-1-32所示。

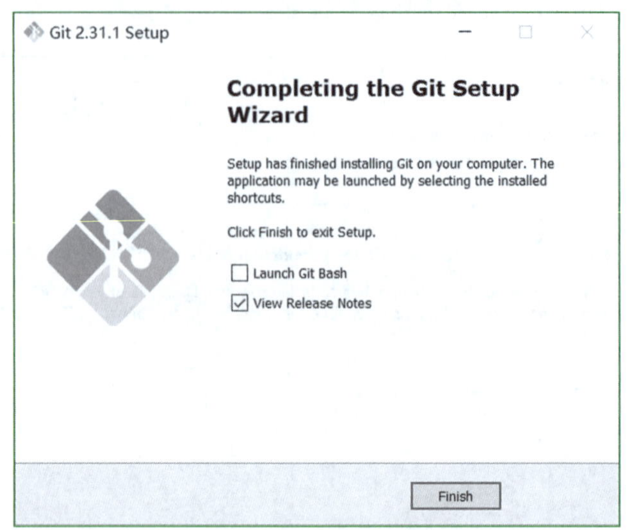

图 1-1-32　安装完成界面

步骤3： Git的使用。

（1）Git安装成功后，在开始菜单中找到“Git”目录，如图1-1-33所示。Git Bash：主要用于执行Git命令，是Windows下的命令行工具，使用户能够在Windows下管理Git工程项目。Git Bash：基于CMD，在CMD的基础上增添一些新的命令与功能，所以使用Bash更加方便。Git CMD：是Windows操作系统上的命令行解释程序，允许通过命令行使用所有Git功能。Git FAQs：Git常见问题解答。Git GUI：可提供一个图形用户界面来运行git命令，针对不习惯命令行编码的人使用。Git Release Notes：是Git 提供的发行说明页，可供用户查阅。

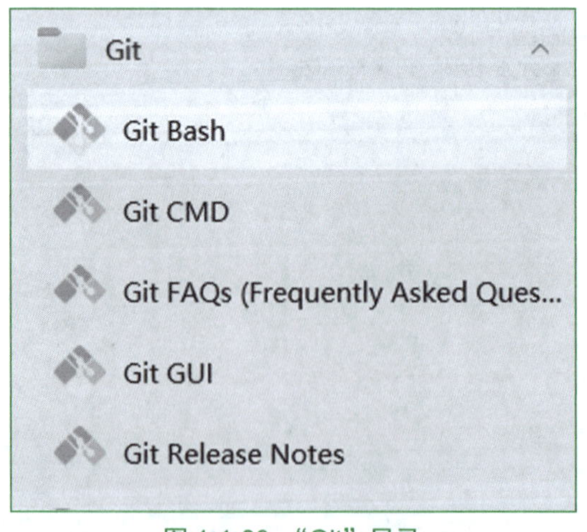

图 1-1-33　“Git”目录

（2）鼠标右键快捷菜单可以随时启动Git，如图1-1-34所示。Git GUI Here：是图形化界面模式。Git Bash Here：是命令行模式。

图 1-1-34 快捷菜单

知识链接

git config工具介绍。Git提供了一个称为git config的工具，专门用来配置或读取相应的工作环境变量。这些环境变量决定了Git在各个环节的具体工作方式和行为。这些变量可以存放在以下3个不同的地方：

• /etc/gitconfig文件：系统中对所有用户都普遍适用的配置。若使用git config时用 --system选项，读写的就是这个文件。

• ~/.gitconfig文件：用户目录下的配置文件只适用于该用户。若使用git config时用 --global选项，读写的就是这个文件。

• 当前项目的Git目录中的配置文件（也就是工作目录中的.git/config文件）：这里的配置仅仅针对当前项目有效。每一个级别的配置都会覆盖上层的相同配置，所以.git/config里的配置会覆盖/etc/gitconfig中的同名变量。

在Windows系统上，Git会查找用户主目录下的.gitconfig文件。主目录即$HOME变量指定的目录，一般都是C:\Documents and Settings\$USER。此外，Git还会尝试查找/etc/gitconfig文件，只不过要看当初Git安装在什么目录，就以此作为根目录来定位。

(3) 配置个人的用户名和电子邮件地址。单击开始菜单Git目录中的Git Bash，打开操作窗口如图1-1-35所示。输入命令$ git config --global user.name "用户名"，可用来配置个人用户，输入$ git config --global user.email 邮箱，可用来配置邮箱。

注意：

如果在配置命令中使用了“--global”选项，那么更改的配置文件位于你的用户目录下，之后所有的项目都会默认使用这里配置的用户信息。如果要在某个特定的项目中使用其他名字或邮箱，只要去掉“--global”选项重新配置即可，新的设置保存在当前项目的.git/config文件里。

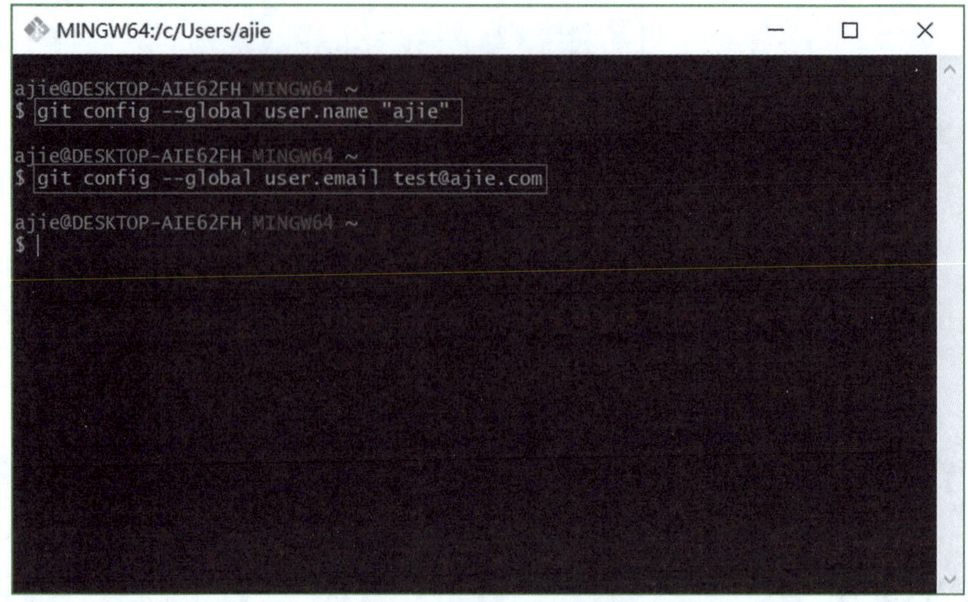

图 1-1-35 Git Bash 操作窗口

（4）查看配置信息。使用命令 git config --list，如图1-1-36所示

```
MINGW64:/c/Users/ajie
ajie@DESKTOP-AIE62FH MINGW64 ~
$ git config --list
diff.astextplain.textconv=astextplain
filter.lfs.clean=git-lfs clean -- %f
filter.lfs.smudge=git-lfs smudge -- %f
filter.lfs.process=git-lfs filter-process
filter.lfs.required=true
http.sslbackend=openssl
http.sslcainfo=D:/Git/mingw64/ssl/certs/ca-bundle.crt
core.autocrlf=true
core.fscache=true
core.symlinks=false
pull.rebase=false
credential.helper=manager-core
credential.https://dev.azure.com.usehttppath=true
init.defaultbranch=master
core.editor="D:\Microsoft VS Code\Code.exe" --wait
user.name=ajie
user.email=test@ajie.com

ajie@DESKTOP-AIE62FH MINGW64 ~
$ |
```

图 1-1-36 查看配置信息

步骤4： Git基本操作。

（1）创建git仓库。打开Git Bash 命令行界面，在计算机F盘test目录下创建一个名为demo的仓库，如图1-1-37所示。

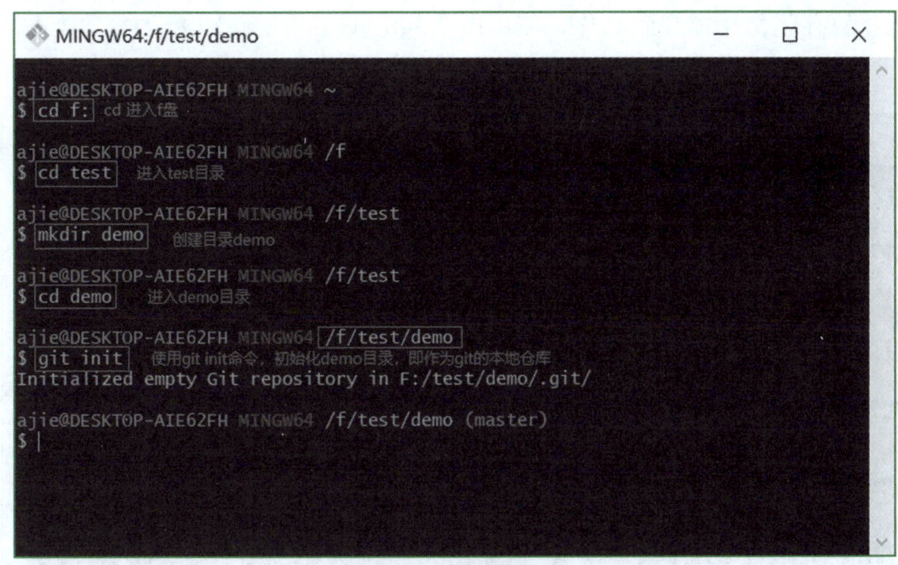

图 1-1-37 创建 git 仓库

知识链接

git仓库也叫版本库，英文repository，可以理解为一个目录，这个目录里面所有的文件都可以被Git管理，文件的修改删除等都能跟踪，以便于任何时刻都能保留操作历史，或者在将来某个需要的时刻将文件“还原”。

（2）添加文件到暂存区。在仓库demo目录下存在“1.txt”文件，使用命令$git add将这个文件添加到暂存区，如图1-1-38所示。

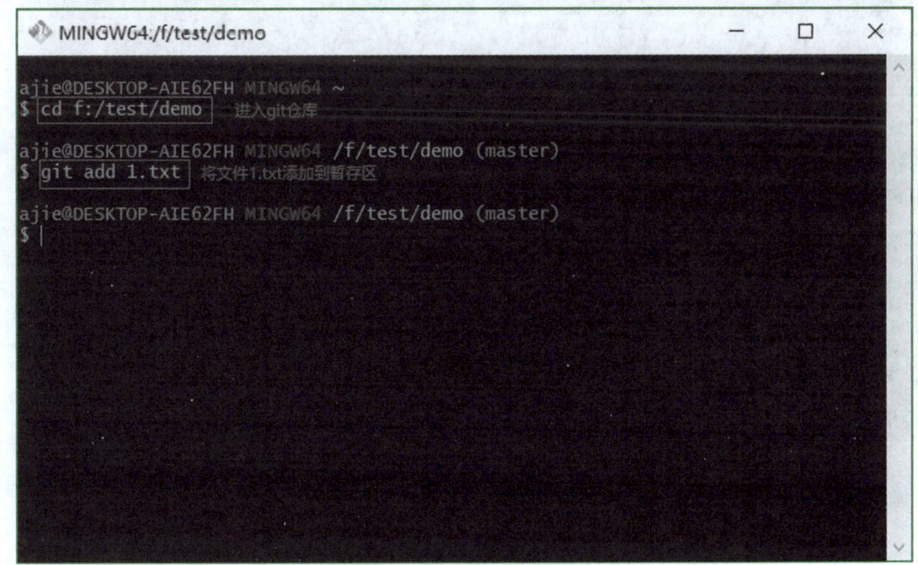

图 1-1-38 添加文件到暂存区

（3）将暂存区文件提交到仓库，使用命令$git commit –m '注释内容'，如图1-1-39所示。

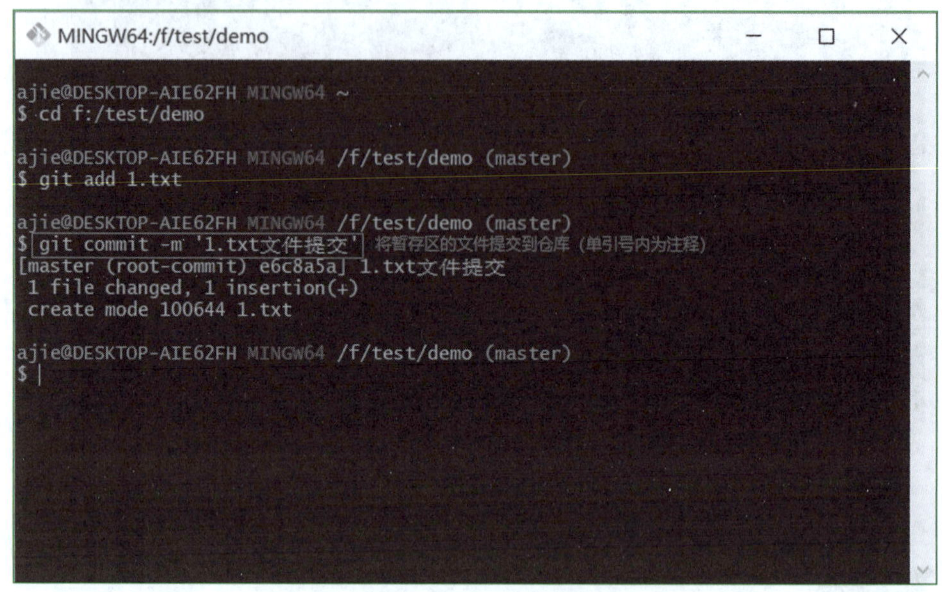

图 1-1-39　文件提交

（4）检查是否有未提交的文件，使用命令$git status。

情景一：没有未提交的文件，如图1-1-40所示。

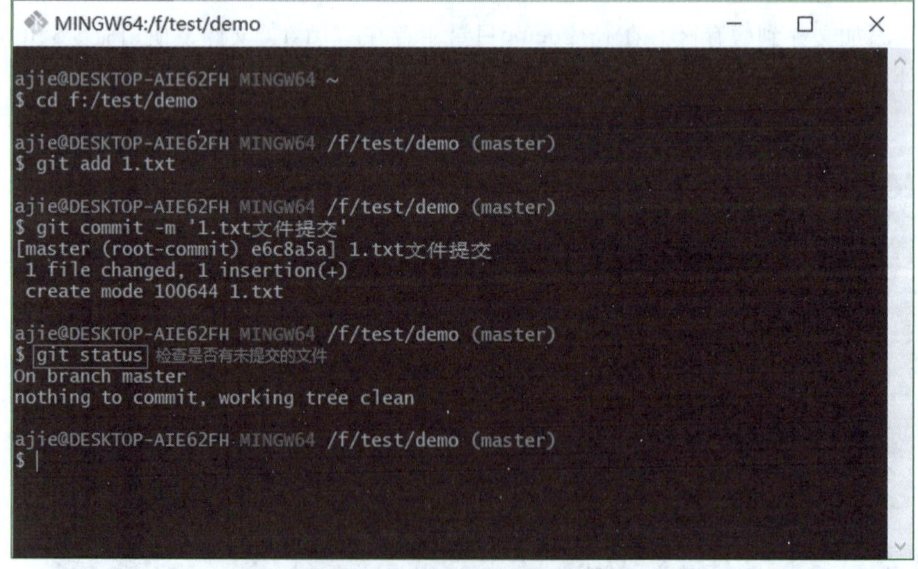

图 1-1-40　不存在未提交文件

情景二：有未提交的文件，如图1-1-41所示。

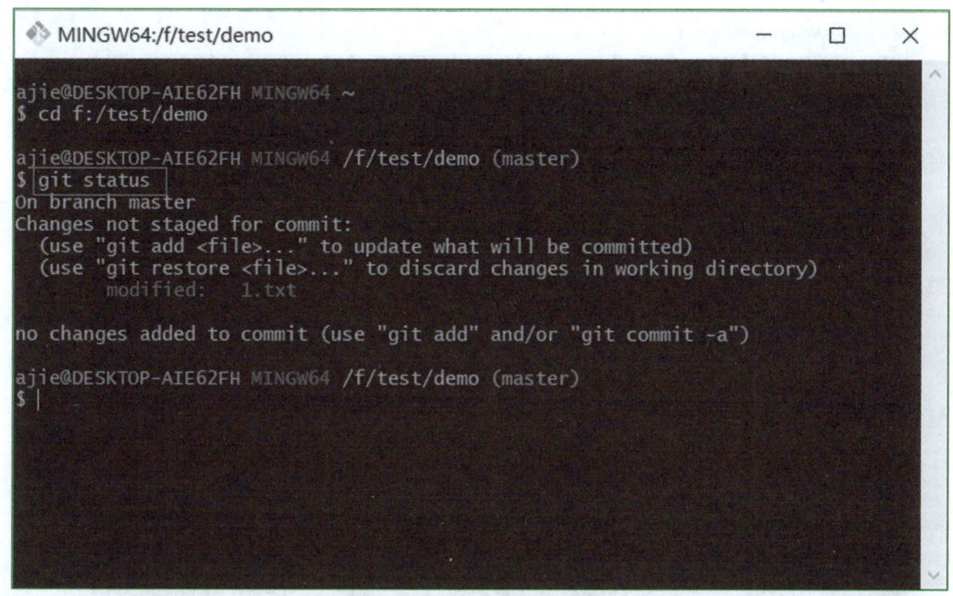

图 1-1-41　存在未提交文件

（5）检查文件是否被修改。“1.txt”文件原内容为“123”，文件修改后内容为“222”，使用命令$git status，如图1-1-42所示。

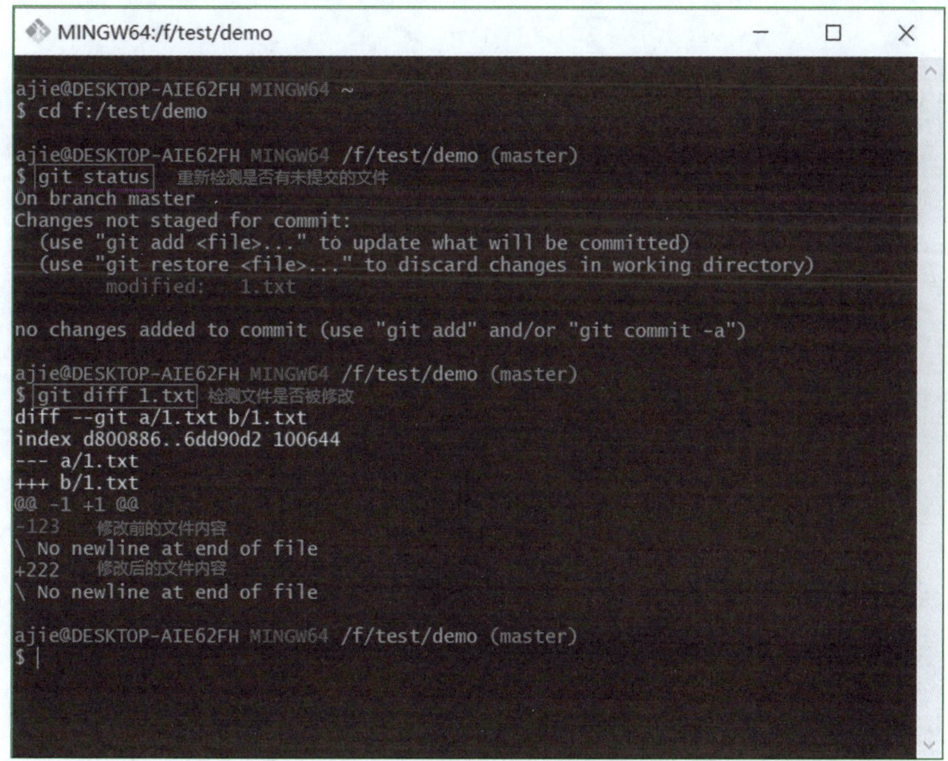

图 1-1-42　检查文件是否被修改

（6）查看历史变更记录。使用命令$git log，如图1-1-43所示。

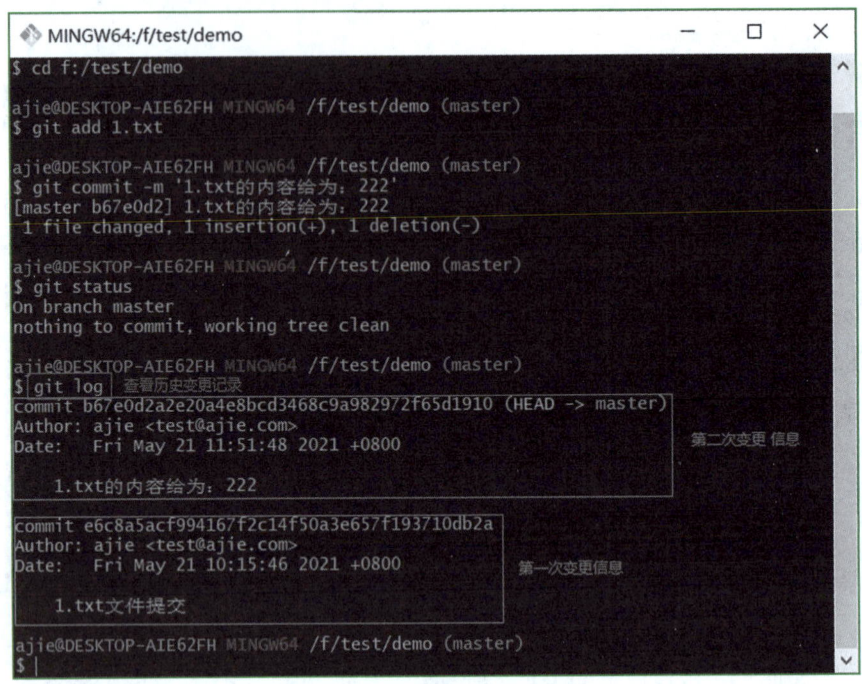

图 1-1-43 查看历史变更记录

任务考评

【Git 的安装和使用】考评记录

姓名		完成日期	
序号	考核内容	标准分	评分
01	下载计算机系统对应 Git 安装包	5	
02	正确安装 Git	10	
03	创建 git 仓库	10	
04	添加文件到 git 暂存区	25	
05	将暂存区文件提交到仓库	25	
06	检查是否有未提交文件	15	
07	完成任务收获积累：	10	
总评分		100	

学习笔记

任务三 码云（Gitee）的使用

任务描述

情境描述	经过和技术员的探讨，项目经理经与Github对比后决定使用码云（Gitee）为项目提供托管服务。 码云是开源中国（https://www.oschina.net/）开发的一款基于git的代码托管平台，能够用码云实现代码托管、项目管理、协作开发，目前是国内最大的代码系统，gitee和github的作用和性质是类似的，但是相比于github而言，gitee有两个显著的优势：一是速度快，二是支持免费的私密项目。 码云除了提供最基础的Git代码托管之外，还提供代码在线查看、历史版本查看、Fork、Pull Request、打包下载任意版本、Issue、Wiki 、保护分支、代码质量检测、PaaS项目演示等方便管理、开发、协作、共享的功能。
任务流程	（1）了解码云的功能； （2）注册登录码云； （3）码云的基本配置； （4）码云的基本操作。
任务准备	（1）码云官网地址（https://gitee.com/）； （2）注册码云账号； （3）设置邮箱地址； （4）创建个人仓库； （5）Git首次使用前的配置。

任务目标

知识目标	（1）了解Github与Gitee的区别及相同之处； （2）熟悉git操作命令及参数含义。
技能目标	掌握码云的基本操作： （1）项目管理； （2）安全配置； （3）项目成员管理； （4）常用git命令。

任务实现

步骤1: 创建码云账号。

(1)注册码云账号。单击Gitee官网导航条中的“注册”按钮，或者单击首页中的“注册Gitee”按钮，如图1-1-44所示。

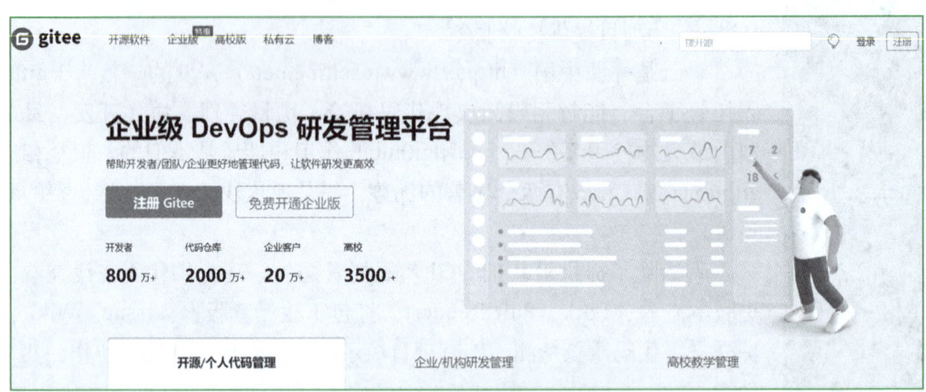

图 1-1-44 注册码云账号

(2)进入码云注册页面进行注册。依次填入各项信息，需要注意的是：邮箱填写国内的邮箱，以免无法接收激活邮件，个人空间地址一经选定无法修改，请慎重填写。注册成功后登录即可，如图1-1-45所示。

图 1-1-45 注册页面

步骤2: 代码托管。

(1)创建仓库。在注册完成并成功登录 Gitee 账号后，通过单击网站右上角的【+】号，选择“新建仓库”选项，进入新建仓库页面，如图1-1-46所示

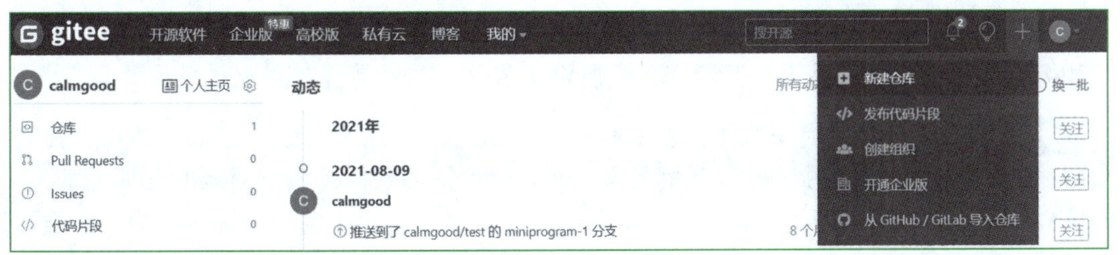

图 1-1-46 创建仓库

（2）单击“新建仓库”选项，进入填写仓库信息页面，如图1-1-47所示，填写完毕后，单击“创建”按钮，即可在Gitee上创建仓库。

新建仓库　在其他网站已经有仓库了吗？点击导入

仓库名称 *

归属　calmgood　/　路径 *

仓库介绍　0/100

用简短的语言来描述一下吧

开源（所有人可见）

私有（仅仓库成员可见）

企业内部开源（仅企业成员可见）

初始化仓库（设置语言、.gitignore、开源许可证）

设置模板（添加 Readme、Issue、Pull Request 模板文件）

选择分支模型（仓库创建后将根据所选模型创建分支）

创建

图 1-1-47 填写仓库信息

仓库信息填写提示：

①仓库名称：用于仓库命名。

②归属：即仓库归属账户，可以是个人账号、组织、企业中的一种，创建成功后该账户默认为仓库的拥有者（管理员）。

③路径：即仓库的git访问路径，由用户个性地址和仓库路径名称组成，创建仓库后用户将通过该路径访问仓库。

④开源/私有：用于设置仓库是否为开源仓库，开源仓库对所有人可见，私有仓库仅限仓库成员可见。

⑤初始化仓库：

选择语言，仓库开发所使用的编程语言。

添加.gitignore，系统默认提供的git忽略提交的文件模板，设置.gitignore后将默认忽略指定目录到仓库。

添加开源许可证，如果仓库开源，可以添加设置仓库的开源协议，作为当前项目仓库和衍生项目仓库许可约束，开源许可证决定了该开源项目是否对商业友好。

步骤3： 向仓库提交代码。在仓库创建完成之后，用户可以通过如下两种方式向仓库提交代码。此处以用户账号下命名为“demo-one”的仓库为例。对应的仓库地址为：https://gitee.com/用户个人空间地址/demo-one，提示：在实际应用中，可将用户个人空间地址替换为其他的地址，例如本例中替换为“manongajie”。

方式一：先将Gitee远程仓库克隆（clone）到本地，修改后再提交（push）到 Gitee仓库中。具体操作步骤如下：

（1）在本地目录空白处右击，打开快捷菜单，单击“Git Bash Here”命令，打开Git的命令行窗口，如图1-1-48所示。

（2）输入命令“git clone https://gitee.com/用户个人空间地址/仓库名”将远程gitee仓库clone到本地，如图1-1-49所示。

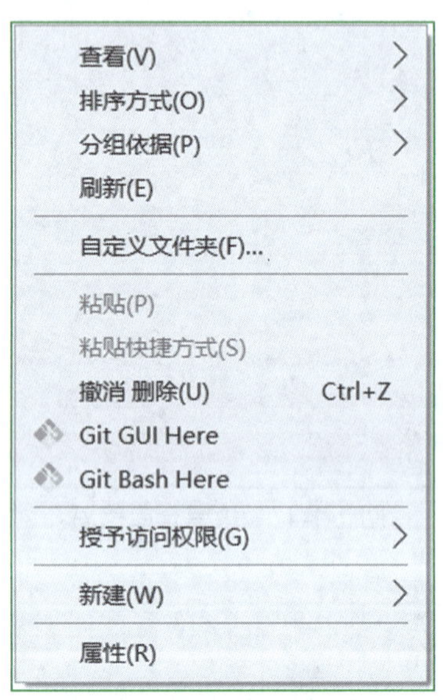

图 1-1-48　在本地目录中打开“Git Bash Here”

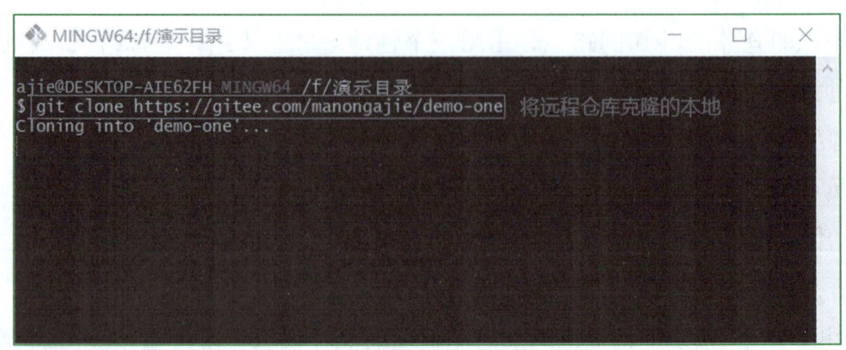

图 1-1-49　将仓库 clone 到本地

（3）在克隆过程中，如果仓库是一个私有仓库，将会要求用户输入 Gitee 的账号和密码。按照提示输入即可，如图1-1-50所示。输入完成后单击“确定”按钮，远程仓库会克隆到本地，如图1-1-51所示。

Windows 安全中心

Git Credential Manager

Enter credentials for 'https://gitee.com/'

用户名 gitee的帐号

密码 gitee的密码

确定 取消

图 1-1-50　输入 Gitee 账号和密码

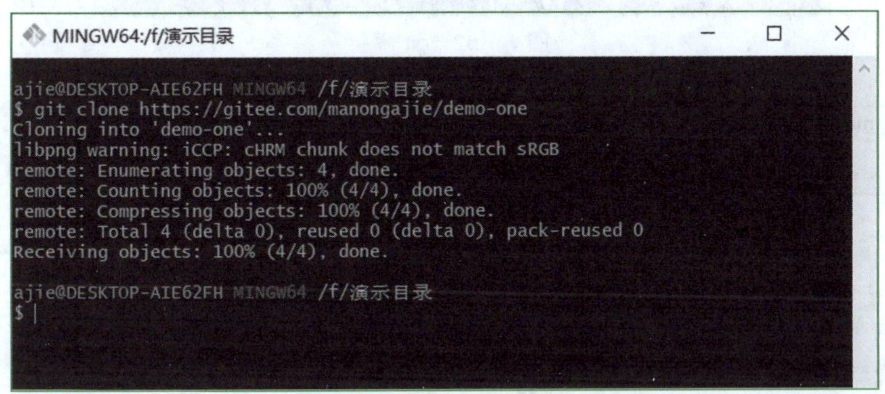

图 1-1-51　远程仓库克隆到本地

知识链接

用户可以在本地使用git配置信息，执行git config命令预先配置好有关的用户信息，配置执行如下：

```
$ git config --global user.name "你的名字或昵称"
$ git config --global user.email "你的邮箱"
```

在 Gitee 平台中，建议将“设置”→“邮箱管理”中的“提交邮箱”与git配置信息中的邮箱地址保持一致，这样平台就能及时地统计用户在平台中提交的代码了。

（4）在仓库目录下，修改代码或添加代码文件，例如添加“演示文件.txt”文件，然后在仓库目录下执行下面的git命令，如图1-1-52所示。命令执行完成后，查看gitee远程仓库，如图1-1-53所示。

```
$ git add .                          #将当前目录所有文件添加到git暂存区
```

```
$ git commit -m "my first commit"          #提交并备注提交信息
$ git push origin master                   #将本地提交推送到远程仓库
```

```
MINGW64:/f/演示目录/demo-one
ajie@DESKTOP-AIE62FH MINGW64 /f/演示目录/demo-one (master)
$ git add .

ajie@DESKTOP-AIE62FH MINGW64 /f/演示目录/demo-one (master)
$ git commit -m 'my first commit'
[master 6242224] my first commit
 1 file changed, 1 insertion(+)
 create mode 100644 "\346\274\224\347\244\272\346\226\207\344\273\266.txt"

ajie@DESKTOP-AIE62FH MINGW64 /f/演示目录/demo-one (master)
$ git push origin master
Enumerating objects: 4, done.
Counting objects: 100% (4/4), done.
Delta compression using up to 12 threads
Compressing objects: 100% (2/2), done.
Writing objects: 100% (3/3), 329 bytes | 329.00 KiB/s, done.
Total 3 (delta 0), reused 0 (delta 0), pack-reused 0
remote: Powered by GITEE.COM [GNK-5.0]
To https://gitee.com/manongajie/demo-one
   b6801db..6242224  master -> master

ajie@DESKTOP-AIE62FH MINGW64 /f/演示目录/demo-one (master)
$
```

图 1-1-52　git 命令

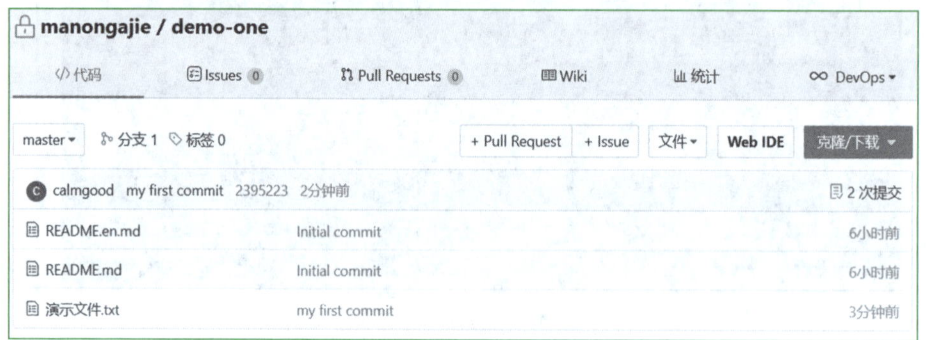

图 1-1-53　gitee 远程仓库

方式二：在本地初始化一个仓库，设置远程仓库地址后再做提交push。和方式一的差别在于需要首先在本地创建仓库，具体操作步骤如下:

（1）创建远程仓库“demo-two”，获取仓库地址，本例地址为“https://gitee.com/manongajie/demo-two”。

（2）创建本地仓库“demo-two”目录，并初始化仓库，在当前目录中执行git命令：

```
$ git init                                            #初始化仓库
$ git remote add origin https://gitee.com/manongajie/demo-two
#将本地git仓库和远程仓库关联起来，并设置远程仓库名称
```

（3）进入已经初始化的仓库目录，然后执行命令，如图1-1-54所示。

```
$ git pull origin master                              #拉取远程仓库的代码
```

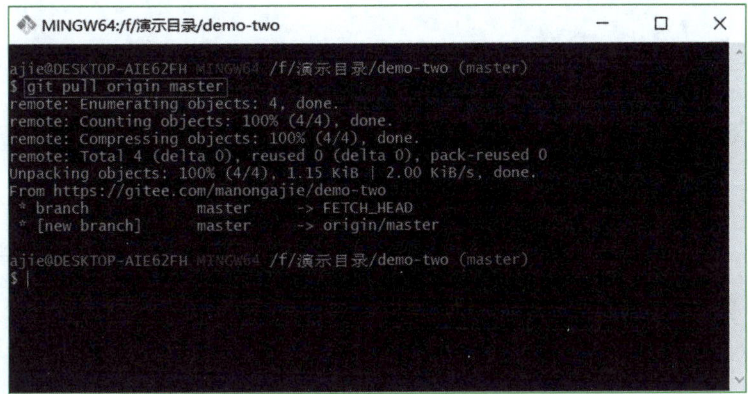

图 1-1-54　拉取远程仓库的代码

（4）当修改/添加本地仓库文件后，需要提交至远程gitee仓库，可执行如下git命令，如图1-1-55所示。命令执行成功后，远程仓库会发生更新，如图1-1-56所示。

```
$ git add .
$ git commit -m '第一次提交'
$ git push origin master
```

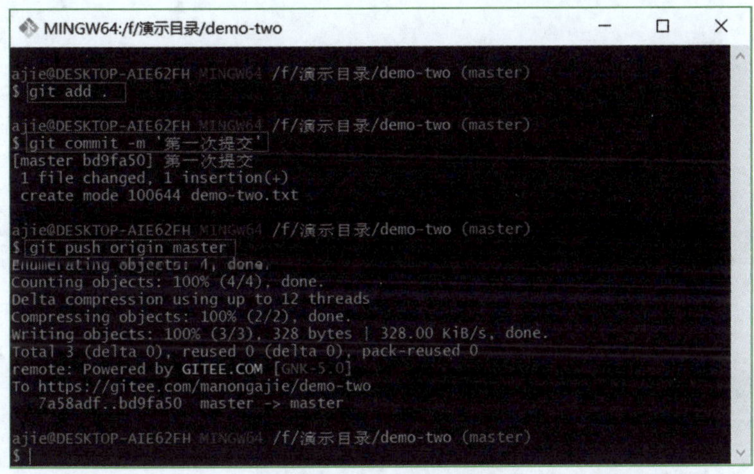

图 1-1-55　执行 git 命令

图 1-1-56　远程仓库发生更新

学习笔记

【码云的使用】考评记录

姓名		完成日期	
序号	考核内容	标准分	评分
01	创建码云（Gitee）账号	5	
02	创建 Gitee 远程仓库	15	
03	提交代码：方式一所有步骤	35	
04	提交代码：方式二所有步骤	35	
05	完成任务收获积累：	10	
总评分		100	

学习笔记

任务四 创建项目

任务描述

情境描述	经过项目团队成员的充分准备后，开始创建项目。 TAPD：作为团队协作工具； Git：提供版本控制服务； 码云（Gitee）：作为远程仓库的托管。
任务流程	（1）使用TAPD创建项目，邀请项目参与者，分配任务，团队成员协同完成项目； （2）在码云（Gitee）上创建“豆瓣评分”仓库，并获取仓库地址； （3）注册登录微信公众平台并安装微信开发者工具； （4）利用微信开发者工具创建“豆瓣评分”项目； （5）微信开发者工具中配置版本管理（git）工具。
任务准备	（1）安装并完成配置Git； （2）TAPD创建项目并添加成员； （3）Gitee创建项目并添加成员； （4）微信开发者工具创建项目并使用git初始化。

任务目标

知识目标	（1）掌握TAPD的使用方法； （2）掌握码云的使用方法； （3）熟悉微信开发者工具使用。
技能目标	（1）掌握微信公众平台的使用及配置； （2）掌握微信开发者工具的使用方法； （3）熟悉项目创建、项目目录结构含义、文件编辑、项目调试、项目设置等功能； （4）熟悉微信小程序基本目录结构。

任务实现

步骤1： 在TAPD中创建项目，邀请项目参与者，给项目参与者分配任务，协同完成项目。

（1）在TAPD中创建“豆瓣评分”项目，如图1-1-57所示。

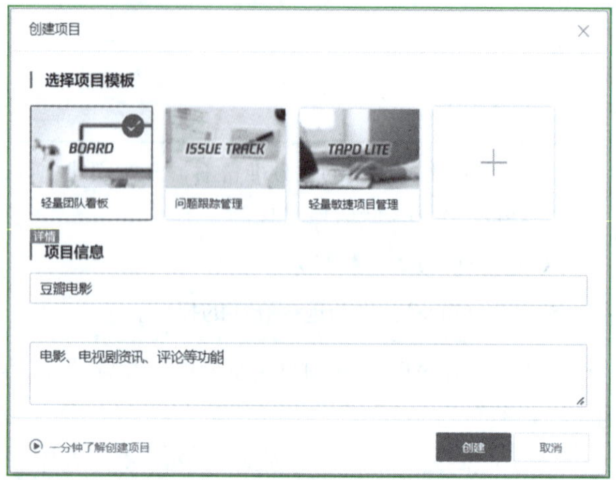

图 1-1-57　在 TAPD 中创建项目

（2）邀请项目参与者，如图1-1-58所示。

图 1-1-58　邀请项目参与者

（3）管理员可以利用“看板”给成员分配任务，如图1-1-59所示。

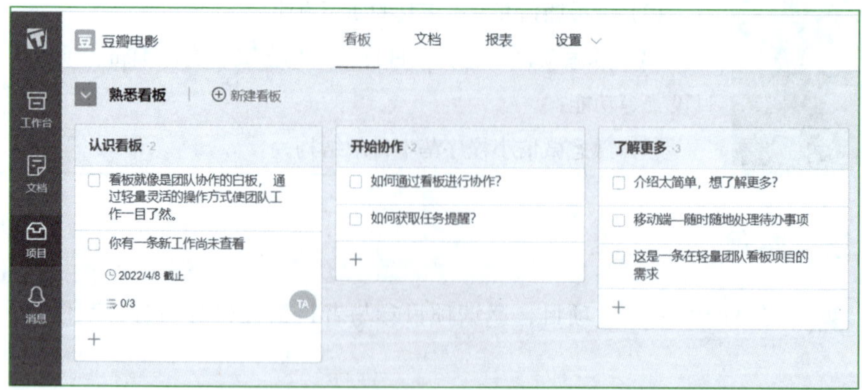

图 1-1-59　分配任务

步骤2： 在码云（Gitee）上创建“豆瓣评分”仓库，并获取仓库地址：“https://gitee.com/用户个人空间地址/仓库名”，本例仓库地址为“https://gitee.com/manongajie/douban-movie”，如图1-1-60所示。

新建仓库　　在其他网站已经有仓库了吗？点击导入

仓库名称 * ✓

豆瓣评分

归属　manongajie　/　路径 * ✓　douban-grade

仓库地址：https://gitee.com/calmgood/douban-grade

仓库介绍　0/100

用简短的语言来描述一下吧

开源（所有人可见）

私有（仅仓库成员可见）

企业内部开源（仅企业成员可见）

初始化仓库（设置语言、.gitignore、开源许可证）

设置模板（添加 Readme、Issue、Pull Request 模板文件）

Readme 文件　Issue 模板文件　Pull Request 模板文件

选择分支模型（仓库创建后将根据所选模型创建分支）

创建

图 1-1-60　创建“豆瓣评分”仓库

步骤3： 注册登录微信公众平台以及安装微信开发者工具。

（1）输入网址“https://mp.weixin.qq.com”进入微信公众平台，单击导航栏中“立即注册”按钮，进入注册页面，如图1-1-61所示。

（2）注册账号类型，在注册页面中选择“小程序”选项，如图1-1-62所示。进入小程序注册页面，填写账号信息，邮箱激活，信息登记，完成账号注册，如图1-1-63所示。

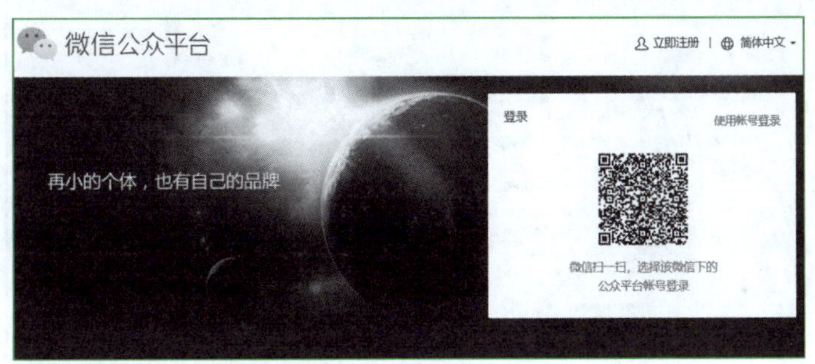

图 1-1-61　微信公众平台

图 1-1-62　注册页面

图 1-1-63　小程序注册页面

（3）再次进入微信公众平台，用注册好的账号登录，如图1-1-64所示。

（4）单击导航栏中的“文档”选项，进入微信官方文档，如图1-1-65所示。

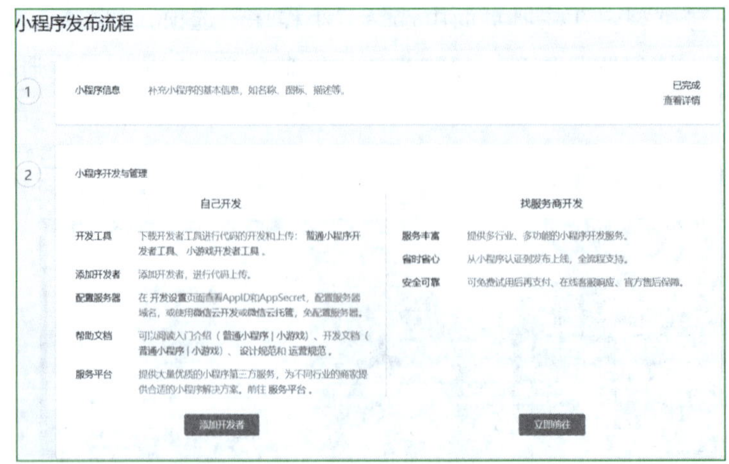

图 1-1-64　账号登录

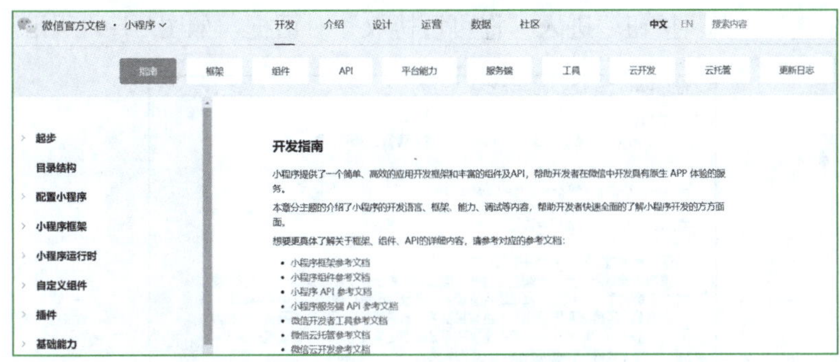

图 1-1-65　微信官方文档

（5）单击导航栏中的“工具”选项，进入微信开发者工具安装版本页面。选择最上面的“稳定版”，找到与自己计算机系统匹配的版本，单击“下载”选项即可，如图1-1-66所示。

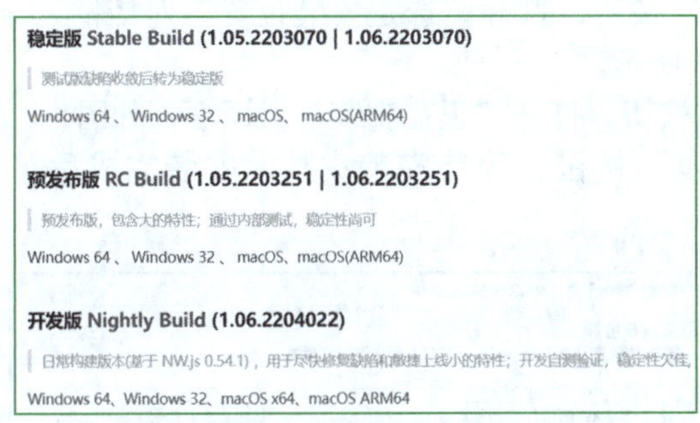

图 1-1-66　工具页面

（6）下载好离线安装包，本例下载的是“Windows 64”，如图1-1-67所示。

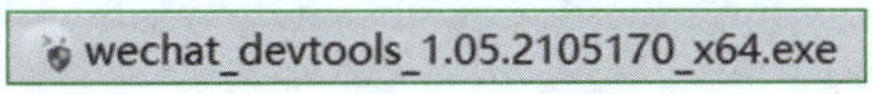

wechat_devtools_1.05.2105170_x64.exe

图 1-1-67　安装包版本

（7）双击安装包开始安装，如图1-1-68所示。

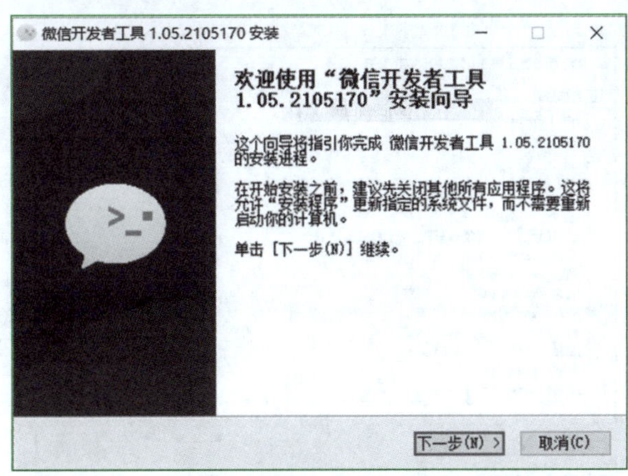

图 1-1-68　安装向导

（8）单击“下一步”按钮，进入“许可证协议”对话框，如图1-1-69所示。

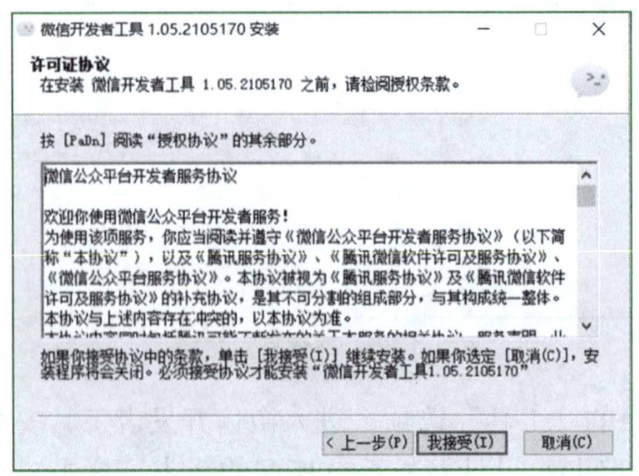

图 1-1-69 “许可证协议”对话框

（9）单击“我接受”按钮，打开“选定安装位置”对话框，单击“浏览”按钮，设置安装路径，如图1-1-70所示。

（10）单击“安装”按钮，打开“正在安装”对话框，如图1-1-71所示。

（11）单击“下一步”按钮，等待安装成功，安装完成后单击“完成”按钮，如图1-1-72所示。

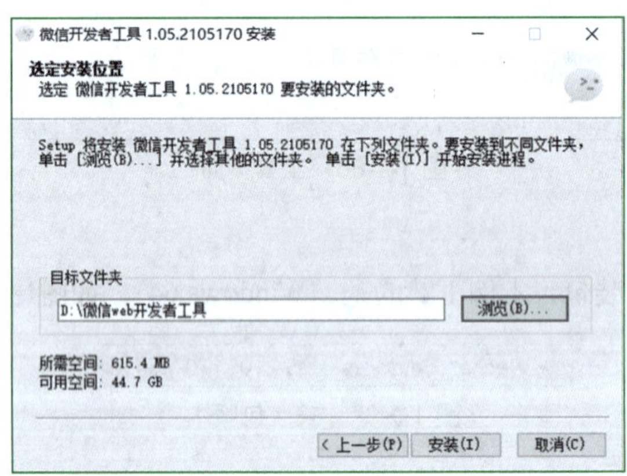

图 1-1-70 “选定安装位置”对话框

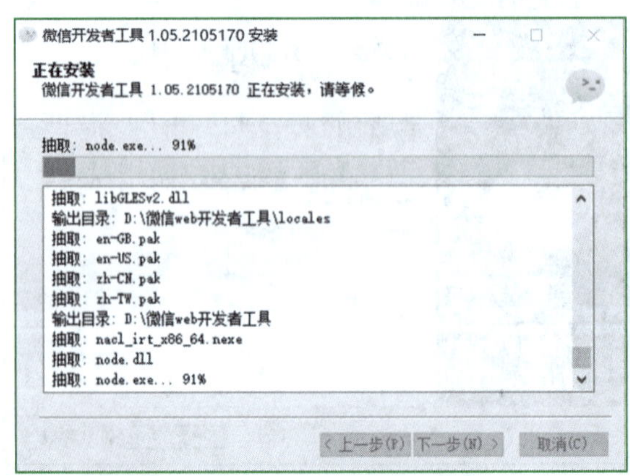

图 1-1-71 “正在安装”对话框

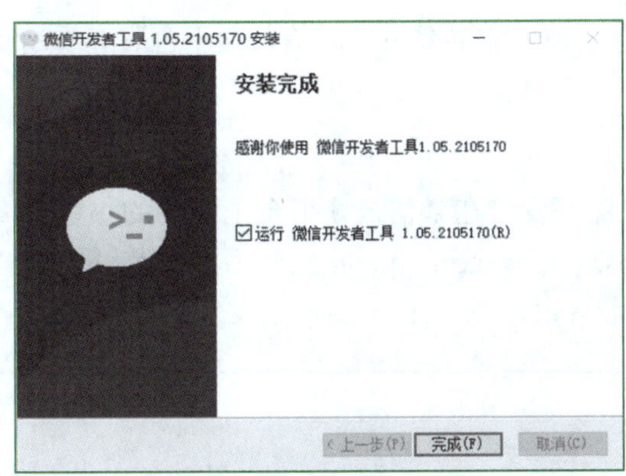

图 1-1-72 安装完成

步骤4： 利用微信开发者工具创建“豆瓣评分”项目。

视频 创建项目

（1）启动微信开发者工具。开发者需要用微信扫码登录，如图1-1-73所示。

图 1-1-73 微信扫码登录

（2）登录成功后，在“小程序项目”下选择“小程序”选项，单击“+”号图标进入填写项目信息界面，如图1-1-74所示。

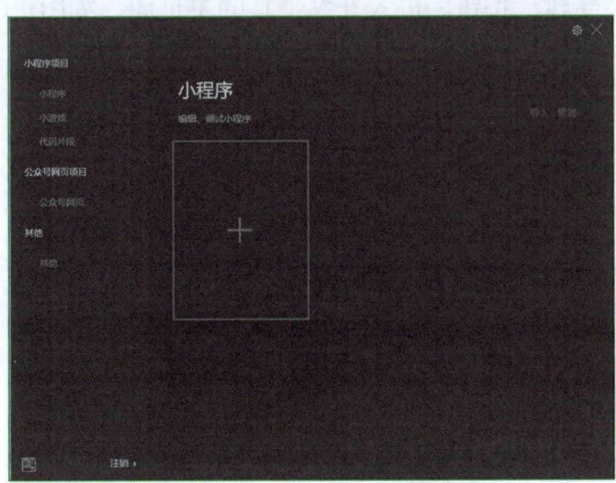

图 1-1-74 选择小程序项目

（3）在填写项目信息之前，需要登录“微信公众平台”查看AppID。

知识链接

AppID是微信小程序开发者在微信公众平台上注册的小程序ID。具体查看步骤是登录微信公众平台https://mp.weixin.qq.com，单击左侧菜单中的“设置”选项，可查看“账号信息”下方的AppID，如图1-1-75所示。

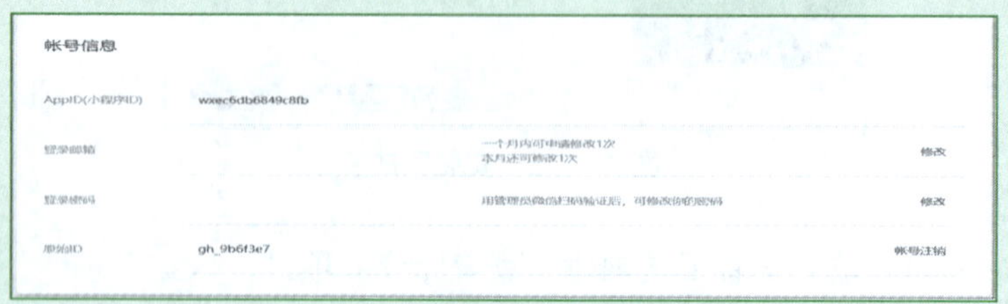

图 1-1-75　查看 AppID

（4）在填写项目信息界面中，录入项目名称、目录和AppID。注意项目名称和目录中避免出现中文，如图1-1-76所示。

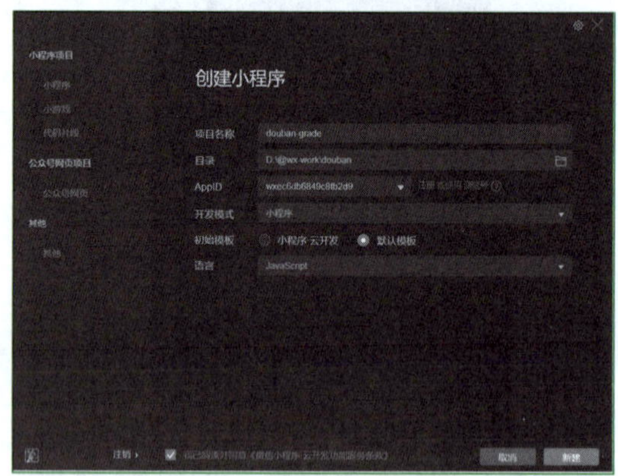

图 1-1-76　填写项目信息界面

（5）单击右下角“新建”按钮，进入开发工具的主页面，如图1-1-77所示。

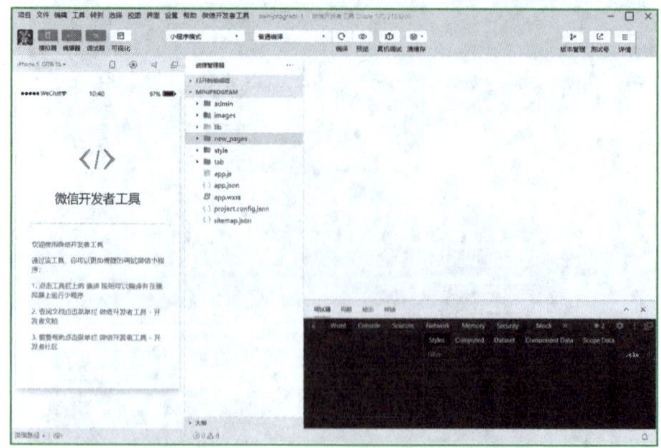

图 1-1-77　小程序开发工具主页面

知识链接

微信小程序开发者工具界面，从上到下、从左到右分别为菜单栏、工具栏、模拟器、编辑器、调试器五大部分。

1.菜单栏

菜单栏包含项目、文件、编辑、工具、转到、选择、视图、界面、设置和微信开发者工具等菜单项。

2.工具栏

工具栏左侧区域包含个人中心、模拟器、编辑器、调试器、可视化和云开发六部分，具体说明如下：

- 个人中心：账号切换和消息提醒；
- 模拟器：单击该项切换显示/隐藏模拟器面板；
- 编辑器：单击该项切换显示/隐藏编辑器面板；
- 调试器：单击该项切换显示/隐藏调试器面板；
- 可视化：单击该项可打开编辑、大纲、组件窗口；
- 云开发：单击该项创建云开发。

工具栏中间区域包含小程序模式、编译模式、编译、预览、真机调试、切后台和清缓存七个部分，具体说明如下：

- 小程序模式：包括小程序模式与插件模式；
- 编译模式：包括普通编译、自定义编译和通过二维码编译；
- 编译：单击该项编译小程序项目；
- 预览：单击该项生成二维码进行真机预览；
- 真机调试：单击该项生成二维码进行真机调试；
- 切后台：单击该项切换前台/后台；
- 清缓存：可清除数据缓存、文件缓存、授权数据、网络缓存、登录状态与全部缓存。

工具栏右侧区域包含上传、版本管理、社区和详情四部分，具体说明如下：

- 上传：将代码上传为开发版本；
- 版本管理：单击该项开启代码版本管理（使用git进行版本管理）
- 社区：单击该项进入开放社区；
- 详情：显示项目详情、项目设置和域名信息。

3.模拟器

在模拟器面板顶部，可以切换手机型号、显示比例和模拟网络连接状态，并进行模拟操作。在模拟器底部的状态栏，可以直观地看到当前运行小程序的场景值、页面路径及页面参数。

4.编辑器

编辑器包含项目目录结构区与代码编辑区。

5.调试器

调试器包括以下几个常用功能窗口：

（1）Console窗口用来显示小程序的错误输出信息和调试代码。

（2）Sources窗口用于显示当前项目的脚本文件，在 Sources中开发者看到的文件是经过处理之后的脚本文件。

（3）Network窗口用来观察发送的请求和调用文件的信息。

（4）Storage窗口用于显示当前项目使用 wx.setStorage 或者 wx.setStorageSync 后的数据存储情况。

（5）AppData窗口用于显示当前项目当前时刻的具体数据，实时地反馈项目的数据情况，可以在此处编辑数据，并将其及时地反馈到界面上。

（6）Wxml窗口用于帮助开发者开发 Wxml 转化后的界面。在这里可以看到真实的页面结构以及结构对应的 wxss 属性，同时可以修改对应的wxss 属性。

步骤5： 在微信开发者工具中配置版本管理（Git）工具。

（1）初始化本地仓库。在微信开发者工具中单击面板上的“版本管理”按钮，会弹出“版本管理”面板。由于是新建项目，并没有初始化Git仓库，所以项目会提示初始化Git仓库，单击“初始化Git仓库”按钮，然后再单击“确定”按钮，完成本地仓库的初始化，此操作相当于执行git init命令，如图1-1-78所示。

图 1-1-78　初始化本地仓库

（2）配置仓库信息。初始化完成后，依次选择“版本管理”→“设置”→“通用”→“编辑”，配置在Git中使用的用户名和邮箱，如图1-1-79所示。这一步相当于git config命令中的配置操作。

```
$ git config —global user.name "用户名"
$ git config —global user.email "邮箱"
```

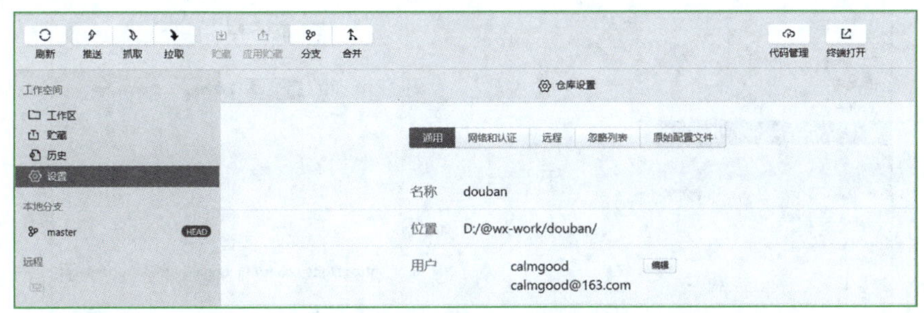

图 1-1-79　配置仓库信息

注意：

此处配置的邮箱名需要和码云 https://gitee.com 上的邮箱保持一致，才能保证提交后能统计到 Git 的提交信息。

切换到仓库设置的“远程”选项卡，这时候会发现提示“未找到远程仓库信息”，单击“添加”按钮，如图1-1-80所示。将已经创建的远程仓库地址填入URL对话框中，仓库名称此处命名为“master”，也可自行命名。如图1-1-81所示。添加完成后，可以看到项目中的远程分支信息，如图1-1-82所示。

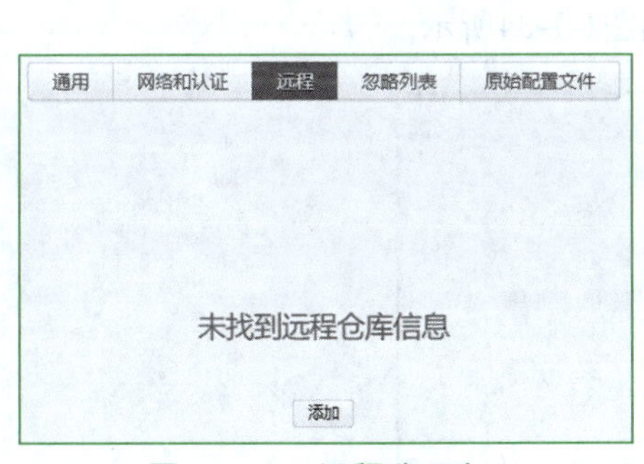

图 1-1-80　远程选项卡

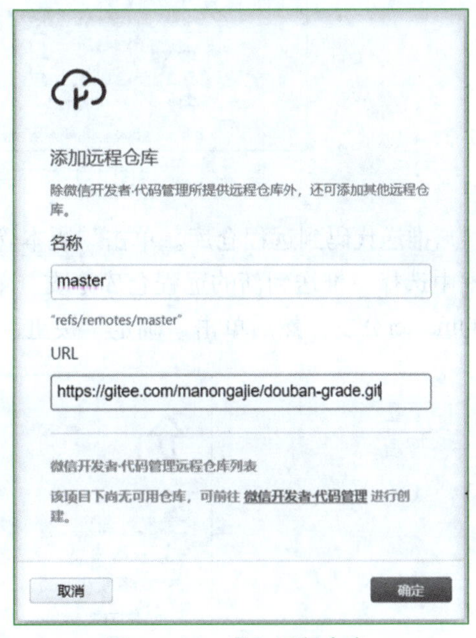

图 1-1-81　添加远程仓库

（3）身份授权设置。在开发工具中设置用户的授权信息，依次选择“版本管理”→“设置”→“网络与认证”→“认证方式”，在“认证方式”选项中，选择“使用用户名和密码”单选按钮，在下方输入码云的账号和密码后，再次执行推送操作即可，如图1-1-83所示。

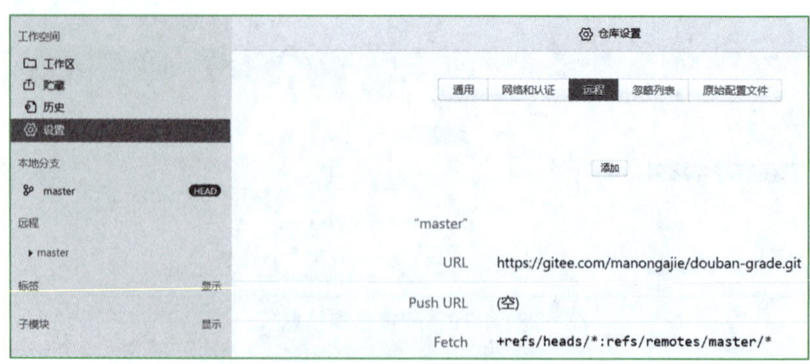

图 1-1-82　远程分支信息

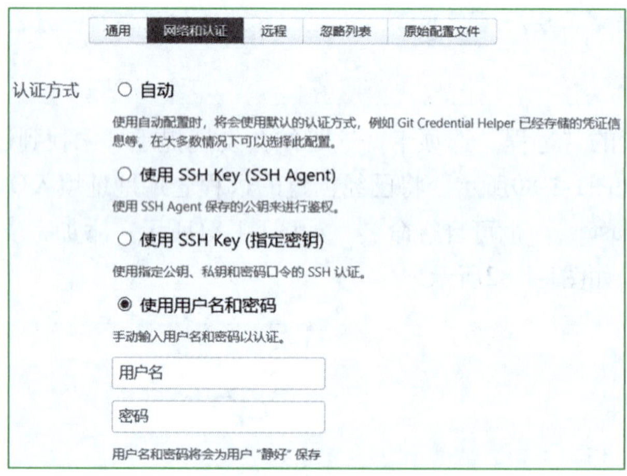

图 1-1-83　身份授权设置

（4）推送代码到远程仓库。单击“版本管理”操作面板上的“推送”按钮，在弹出的对话框中选择“推送到新的远程仓库分支”单选按钮，名称填写master，表示推送到远程仓库的master分支，然后单击“确定”按钮，如图1-1-84所示。

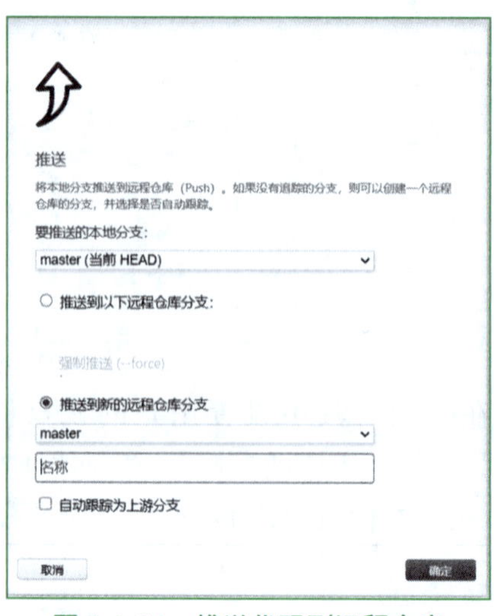

图 1-1-84　推送代码到远程仓库

提示：

当“版本管理”面板打开时，单击“开发工具”面板的“版本管理”按钮，可关闭“版本管理”面板。

（5）提交新变更。在开发工具的“资源管理器”中，打开pages/index/index.wxml文件，修改文件中的代码，将“获取头像昵称”修改为“我的第一次修改提交”，按【Ctrl+S】快捷键保存修改。打开“版本管理”面板，在工作区中可以看到pages/index/index.wxml文件等待提交，选中文件，可以查看当前文件内发生的改动，如图1-1-85所示。在下方提交框填写提交的备注信息，单击“提交”按钮，可以将代码提交到本地仓库主干分支上。提交后，可以在本地仓库分支上查看提交记录。

（6）将更新代码从本地分支推送到远程仓库。单击操作面板上的“推送”按钮，在弹出的对话框中选择“推送到以下远程仓库分支”单选按钮，选择远程仓库分支，然后单击“确定”按钮。推送完成后，即可在码云对应的仓库主页看到提交的代码变更。

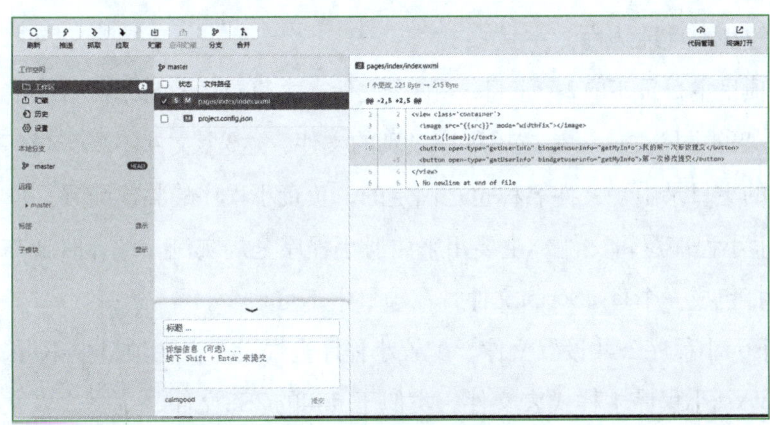

图 1-1-85　提交新变更

步骤6： 整理项目初始代码。

（1）在开发工具的“资源管理器”中，打开app.js文件，删除全部代码，如图1-1-86所示。输入关键字“app”，找到第3个选项，按【Enter】键让其自动补全函数，如图1-1-87所示。

```
资源管理器
▸ 打开的编辑器
▾ DOUBAN
  ▸ pages
  ▸ utils
    .gitignore
    app.js
    app.json
    app.wxss
    project.config.json
    sitemap.json
```

```
// app.js
App({
  onLaunch() {
    // 展示本地存储能力
    const logs = wx.getStorageSync('logs') || []
    logs.unshift(Date.now())
    wx.setStorageSync('logs', logs)

    // 登录
    wx.login({
      success: res => {
        // 发送 res.code 到后台换取 openId, sessionKey, unionId
      }
    })
```

图 1-1-86　app.js 文件

```
app.js
app.js
1  // app.js
2  app
   applicationCache    var applicationCac…
   App
   App                 Contruct an App in…
   ApplicationCache
   onAppHide           /** [wx.onAppHide(…
   onAppShow           /** [wx.onAppShow(…
   getApp
   offAppHide          /** [wx.offAppHide…
   offAppShow          /** [wx.offAppShow…
   wx.offAppHide       /** [wx.offAppHide…
   wx.offAppShow       /** [wx.offAppShow…
   wx.onAppHide        /** [wx.onAppHide(…
```

图 1-1-87　输入关键字创建 App 函数

知识链接

小程序的基本目录结构：

小程序项目主目录下有2个子目录和4个文件，主目录中3个以app开头的文件是微信小程序框架的主体文件，是应用程序级别的文件，这3个文件不属于任何页面，必须放在项目的主目录中，文件名称也是固定的，负责小程序的整体配置。

- app.js小程序逻辑文件，主要用来注册小程序全局实例，编译时会与其他页面的逻辑文件打包成一个JavaScript文件，在项目中不可缺少。
- app.json小程序公共设置文件，配置小程序全局设置，在项目中不可缺少。
- app.wxss小程序主样式表文件，类似于html的CSS文件，主样式表文件中设置的样式，在其他页面文件中同样有效，该文件不是必需的。

Project.config.json文件是项目配置文件，包含项目名称、appid等相关信息。

pages目录中有2个子目录，分别是index和logs，每个子目录中保存着一个页面的相关文件，通常一个页面包含4个不同扩展名的.wxml、.wxss、.js和.json文件。分别用来表示页面结构文件、页面样式文件、页面逻辑文件和页面配置文件。按照规定，同一个页面的4个文件必须具有相同的路径与文件名。

- .wxml文件用来描述微信小程序页面布局、数据绑定等，类似于HTML。
- .wxss文件用于描述微信小程序页面样式，类似于CSS，WXSS 具有 CSS 大部分的特性，但也做了一些扩充和修改，如新增了尺寸单位rpx，提供了全局的样式和局部样式，此外 WXSS 仅支持部分 CSS 选择器。
- .js文件用于实现逻辑交互，在该文件中编写JavaScript代码以控制页面逻辑，其在页面中不可缺少。

- .json文件用于设置静态配置，其中app.json 是当前小程序的全局配置，包括了小程序的所有页面路径、界面表现、网络超时时间、底部tab等。

utils目录是用来存放一些公共的js文件，在某个页面中如果需要用到该函数，可以将其引入后直接使用。通常小程序可将一些图片、音频等资源类文件单独创建子目录用来存放。

（2）删除pages文件夹下的logs目录及其内部所有内容，如图1-1-88所示。

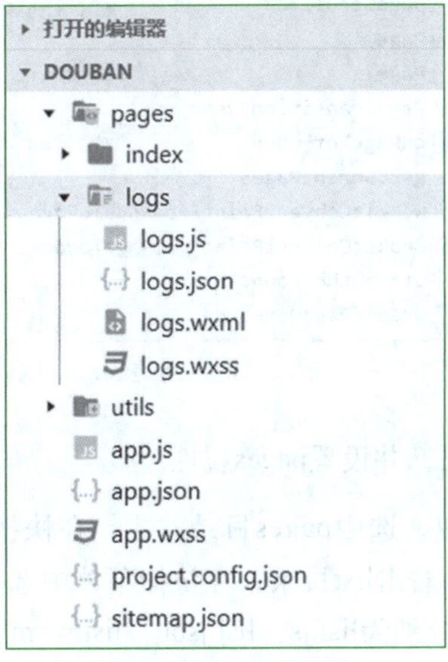

图 1-1-88　logs 目录

（3）打开app.json文件，删除图1-1-89中的方框内代码，包括删除代码前的英文逗号。

资源管理器 ···
打开的编辑器
DOUBAN
pages
index
logs
utils
app.js
app.json
app.wxss
project.config.json
sitemap.json

app.json ×

app.json > ...

```
  "pages": [
    "pages/index/index",
    "pages/logs/logs"
  ],
  "window": {
    "backgroundTextStyle": "light",
    "navigationBarBackgroundColor": "#fff",
    "navigationBarTitleText": "Weixin",
    "navigationBarTextStyle": "black"
  },
  "style": "v2",
  "sitemapLocation": "sitemap.json",
  "lazyCodeLoading": "requiredComponents"
```

图 1-1-89　删除 app.json 文件中的代码

（4）删除index.wxml、index.wxss和app.wxss中的所有代码。

（5）删除index.js文件中的全部代码，并且输入关键字“page”，找到第3个选项按【Enter】键让其自动补全函数，如图1-1-90所示。

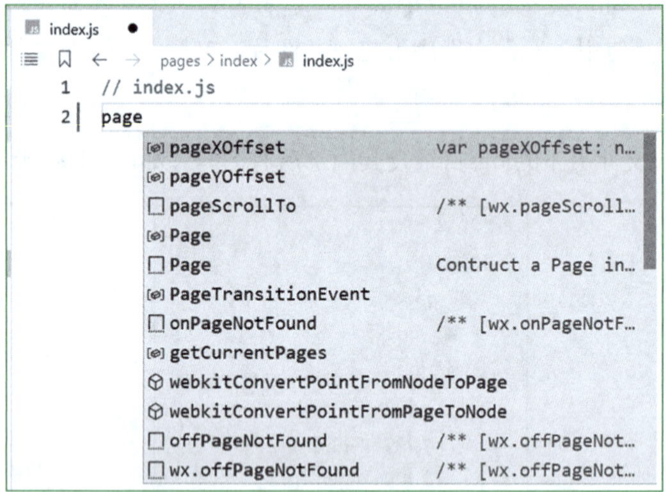

图 1-1-90　输入关键字创建 page 函数

步骤7： 新建所需页面，并设置pages属性。

（1）在“资源管理器”中，选中pages目录右击，在快捷菜单中选择“新建文件夹”命令，可新建pages/list目录。右击list目录，在快捷菜单中选择“新建Component”命令，可分别新建所需的4个文件，分别为list.js、list.json、list.wxml和list.wxss，结构如图1-1-91所示。

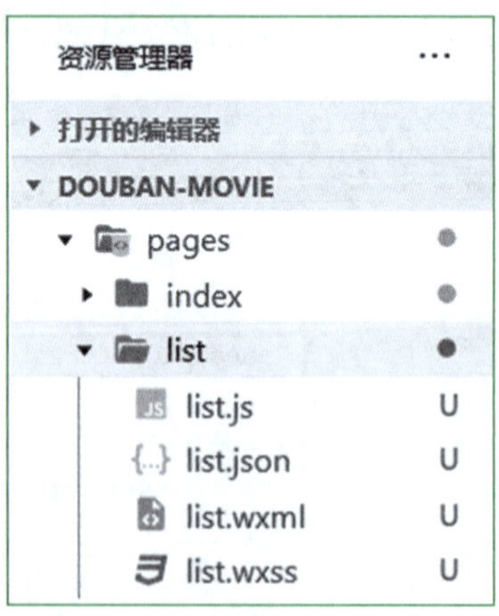

图 1-1-91　pages/list 目录

（2）使用相同方法，新建pages/search目录、pages/detail目录和pages/comment目录以及各个目录中的文件。

（3）全局配置。打开app.json文件设置pages属性值，如图1-1-92所示。

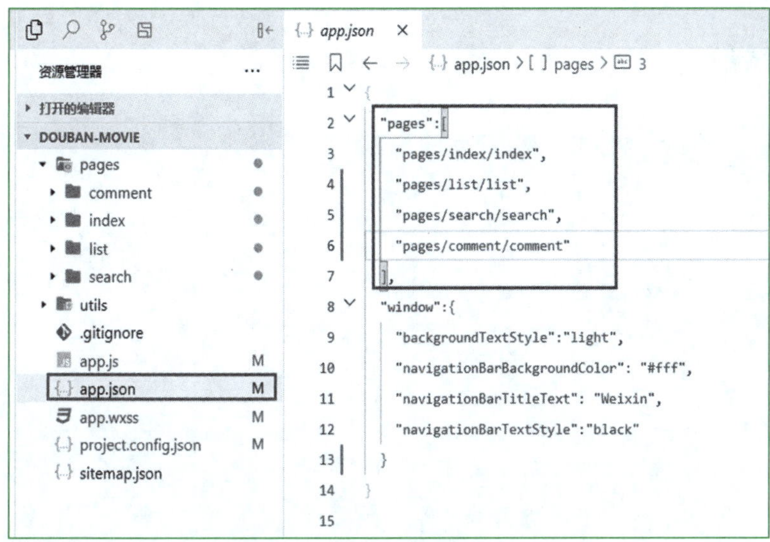

图 1-1-92　全局配置

知识链接

微信小程序的页面路径需要在app.json配置文件中进行配置，具体使用pages属性，以数组的形式存放页面文件路径。文件路径以文件名进行命名，数组的第1项代表小程序的初始页面，当小程序中新增/减少页面，都需要对 pages 数组进行修改。文件名不需要写文件的扩展名，框架会自动去寻找路径，对 .json，.js，.wxml，.wxss 4个文件进行整合。

在app.json配置完页面路径后，会生成文件路径对应名称的文件夹和4个对应名称的文件（.wxml，.wxss，.json，.js）。

（4）打开app.json文件，设置windows对象中的属性值，代码如下所示：

```
"window":{
"backgroundTextStyle": "light",  //下拉 loading 的样式，仅支持 dark/light
"navigationBarBackgroundColor": "#41be57",          //导航栏背景颜色
"navigationBarTitleText": "豆瓣评分",               //导航栏标题文字内容
"navigationBarTextStyle": "white"     //导航栏标题颜色，仅支持black/white
  }
```

知识链接

app.json文件中的Windows对象可以配置窗口表现，包括导航栏背景色、导航栏标题颜色、导航栏标题文字内容、窗口的背景色、下拉背景字体、loading图的样式，以及是否开启下拉刷新设置。

学习笔记

任务考评

【创建项目】考评记录

姓名		完成日期	
序号	考核内容	标准分	评分
01	在 TAPD 中创建项目，邀请项目参与者，给项目参与者分配任务，协同完成项目	20	
02	在码云（Gitee）上创建“豆瓣评分”仓库，并获取仓库地址	15	
03	注册登录微信公众平台及其安装微信开发者工具	10	
04	利用微信开发者工具创建“豆瓣评分”项目	10	
05	在微信开发者工具中配置版本管理（git）工具	15	
06	整理初始代码，删除部分文件及代码	10	
07	新建所需页面，并设置 pages 属性	10	
08	完成任务收获积累：	10	
总评分		100	

学习笔记

单元二 自定义组件的封装

在微信小程序开发项目中封装自定义组件，有助于代码的重用，可以大大提高开发效率，本单元主要完成了五个任务，分别是：搜索栏、评分星星组件、数据模块组件、首页模块组件、短评组件的实现。

学习目标

- 熟悉微信小程序 MVC 框架；
- 掌握微信小程序自定义组件的基本知识和使用方法；
- 掌握 view、navigator 组件的使用方法；
- 掌握 image 组件、wx:for 列表渲染的使用；
- 掌握 scroll-view 可滚动视图容器组件的使用。

任务一 搜索栏的实现

任务描述

情境描述	开发者可以将页面内的功能模块抽象成自定义组件，以便在不同的页面中重复使用；也可以将复杂的页面拆分成多个低耦合的模块，有助于代码维护。自定义组件在使用时与基础组件非常相似。 “豆瓣评分”小程序中的搜索栏需要在多个场景下调用，将其封装成组件后，可重复使用，如图1-2-1所示。 图 1-2-1 搜索栏
任务流程	（1）建立searchbar文件夹与文件； （2）搜索栏视图层构建渲染； （3）添加搜索栏样式； （4）添加搜索栏属性方法； （5）组件测试。
任务准备	熟悉自定义组件基本知识点（网址：https://developers.weixin.qq.com/miniprogram/dev/framework/custom-component）。

知识目标	（1）熟悉微信小程序自定义组件知识； （2）掌握view、navigator组件的使用方法； （3）掌握微信小程序中wx:if条件渲染的使用； （4）熟悉微信小程序MVC框架。
技能目标	熟悉微信小程序自定义组件的使用： （1）组件模板和样式； （2）Component 构造器； （3）组件间通信与事件； （4）纯数据字段； （5）组件测试。

视频

搜索栏的实现1

任务实现

步骤1： 新建components/searchbar目录，如图1-2-2所示。

> **提示：**
> components 目录与 pages 目录为并列关系。

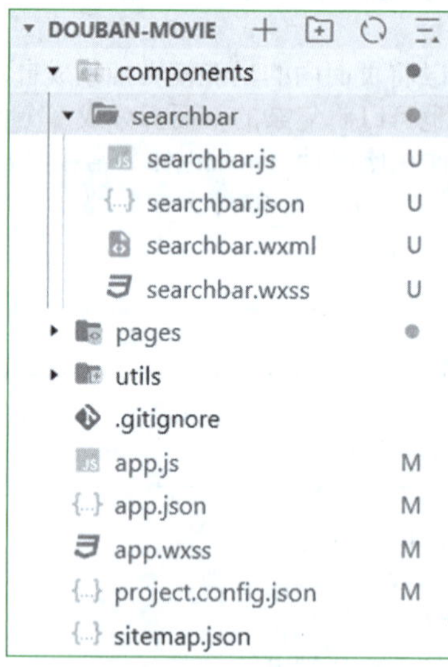

图 1-2-2 searchbar 目录

步骤2： 搜索栏的视图层渲染。

（1）打开searchbar.wxml文件，添加如下代码：

```
<view class="searchbar">
  <navigator wx:if="{{isnavigator}}" url'=/pages/search/search'
```

```
class='search-navigator'></navigator>
    <!—isnavigator判断搜索栏显示方式，在首页中显示搜索图片，单击后跳转至搜
索栏 -->
    <view wx:else class="search-input-group">
      <!—为搜索输入框绑定input事件，输入值传入onInputEvent方法-->
      <input class='search-input' placeholder='搜索'
bindinput='onInputEvent'></input>
    </view>
  </view>
```

1.view组件

view视图容器组件是最基本的页面布局组件，它的使用类似网页开发的div组件，通过view视图容器组件的布局及样式的编写，可以实现想要的页面效果。view组件的属性如表1-2-1所示。

表 1-2-1 View 组件的属性

属 性	类 型	默认值	说 明
hover-class	string	none	指定按下去的样式类。当 hover-class="none" 时，没有点击状态效果
hover-stoppropagation	boolean	false	指定是否阻止本节点的祖先节点出现点击状态
hover-start-time	number	50	按住后多久出现点击状态，单位毫秒
hover-stay-time	number	400	手指松开后点击状态保留时间，单位毫秒

2. navigator组件

navigator页面链接导航组件是应用在WXML页面里的导航方式，用于单击跳转链接。其对应属性如表1-2-2所示。

表 1-2-2 navigator 组件属性

属 性	类 型	默认值	说 明
target	string	self	在哪个目标上发生跳转，默认当前小程序
url	string	—	当前小程序内的跳转链接
open-type	string	navigate	跳转方式，共有 5 种方式

其中open-type属性对应的6种取值，如表1-2-3所示。

表 1-2-3 open-type 属性

属性值	说 明
navigate	默认值，表示跳转新页面打开新地址内容，等同于 wx.navigateTo 或 wx.navigateToMiniProgram 的功能
redirect	重定向，表示在当前页面重新打开新地址内容，等同于 wx.redirectTo 的功能
switchTab	切换 tab 面板，表示跳转指定 tab 页面重新打开新地址内容，等同于 wx.switchTab 的功能
reLaunch	等同于 wx.reLaunch 的功能
navigateBack	返回上一页，等同于 wx.navigateBack 的功能
exit	退出小程序，target="miniProgram" 时生效

3. wx:if条件渲染

wx:if用于单个组件的条件判断，在微信小程序里，可以将wx:if="{{condition}}"应用到某个组件上，用condition来判断是否需要渲染该代码块。

视频

搜索栏的实现2

（2）打开searchbar.wxss文件，为视图层添加样式文件，代码如下：

```
/* 搜索栏容器样式 */
.searchbar{
  background-color: #41be57;
  padding: 20rpx;
}
/* 页面导航样式 */
.search-navigator{
  width: 100%;
  height: 60rpx;
  background-color: #fff;
  border-radius: 10rpx;                          /* 圆角边框 */
  background-image: url("base64代码");
  background-position: center center;            /* 背景图片定位 */
  background-repeat: no-repeat;                  /* 背景图片平铺方式为不重复 */
  background-size: 8%;                           /* 背景图片大小 */
}
/* 输入框外容器样式 */
.search-input-group{
  width: 100%;
  height: 60rpx;
  background-color: #fff;
  border-radius: 10rpx;
  padding: 10rpx 20rpx;
  box-sizing: border-box;            /* 元素的总高度和宽度包含内边距和边框 */
}
/* 输入框样式 */
```

```
.search-input{
  min-height: 40rpx;                              /* 设置元素最小高度 */
  height: 40rpx;
  font-size: 12px;
}
```

提示：

"base64代码"文字代替了使用base64图片在线转换工具，将搜索图标图片转换为base64格式的编码，转换工具可以通过下列网址链接使用http://tool.chinaz.com/tools/imgtobase/。

知识链接

微信小程序开发主要基于MVC框架，即模型、视图和控制器。模型层大部分以全局变量或页面局部变量的形式存在，一般存在于控制器中。视图由wxml文件表示。它将控制器得到的数据通过wxml文件进行组合和渲染。而视图与控制器的交互通过绑定事件的形式触发控制器各个函数的执行，大部分事件会传递目标节点对象作为其参数。

当新建项目时，会建立小程序主控制逻辑与配置文件，其中包括：app.js（控制小程序逻辑、响应生命周期回调函数操作、定义全局变量等），此文件用于注册小程序；app.json（小程序窗口、特性配置、下拉刷新、导航栏配置、tabBar等）；app.wxss（样式配置）。

接下来具体的页面操作才是和用户交互的真正载体，每个页面都单独存放一个文件夹，以方便管理，同时，WAService会对此文件夹中的页面样式文件进行渲染。每个页面都由js文件进行控制、wxml进行布局、wxss进行样式设置。用于响应生命周期的方法有onLoad（监听页面加载）、onShow（监听页面显示）、onReady（监听页面初次渲染完成）、onHide（监听页面隐藏）、onUnload（监听页面卸载）。

步骤3： 为组件添加功能。

（1）打开searchbar.js文件，为该自定义组件添加属性值，在properties对象下添加如下代码：

```
/**
  * 组件的属性列表
  */
  properties: {
    //如果父页面使用该组件并设置isnavigator值为真，则该组件作为一个导航标
签来使用，否则显示一个输入框
```

```
    isnavigator: {
      type: Boolean,
      value: false
    }
  },
```

（2）为该自定义组件添加onInputEvent方法，实时监听输入框属性值变化，在methods对象下添加如下代码：

```
/**
  *组件的方法列表
*/
 methods: {
   onInputEvent: function(event){
     // 通过event获取到input中输入的内容
     var value = event.detail.value;
     var detail = {"value": value};
     var options = {};
     // 可以将搜索输入框的内容参数通过触发事件传递到父页面
     this.triggerEvent("searchinput", detail, options);
   }
}
```

知识链接

自定义组件触发事件时，需要使用triggerEvent 方法，triggerEvent包括3个参数：

（1）事件名称，自定义即可。

（2）detail对象，提供给事件监听函数，相当于传递给监听函数的参数。

（3）事件选项，默认传递空值，触发事件的选项内容如表1-2-4所示。

表 1-2-4　触发事件的选项

选项名	类型	默认值	描述
bubbles	boolean	false	事件是否冒泡
composed	boolean	false	事件是否可以穿越组件边界，为 false 时，事件将只能在引用组件的节点树上触发，不进入其他任何组件内部
capturePhase	boolean	false	事件是否拥有捕获阶段

步骤4： 组件测试。

（1）打开index.json文件，在usingComponents对象下添加组件引用代码：

```
"searchbar": "/components/searchbar/searchbar",
```

（2）打开index.wxml文件，添加搜索栏组件代码，组件测试结果如图1-2-3所示。

```
<searchbar isnavigator="{{true}}"></searchbar>
```

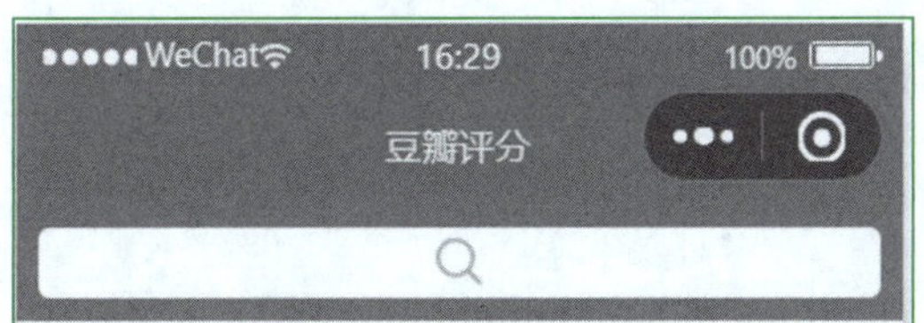

图 1-2-3　组件测试

学习笔记

学习笔记

【搜索栏的实现】考评记录

姓名		完成日期	
序号	考核内容	标准分	评分
01	创建组件目录	15	
02	组件视图层渲染	25	
03	组件引用	10	
04	组件样式添加	20	
05	添加组件事件	20	
06	完成任务收获积累：	10	
总评分		100	

学习笔记

任务二 评分星星组件的实现

任务描述

情境描述	评分星星用于展示影视作品推荐值，需要在多处显示，将其封装成组件可重复使用，如图1-2-4所示。 ★★★★★7.1 图 1-2-4 评分星星
任务流程	（1）建立stars文件夹与文件； （2）评分星星视图层构建渲染； （3）评分星星样式添加； （4）评分星星方法添加； （5）组件测试。
任务准备	了解微信小程序image组件、wx:for列表渲染。

任务目标

知识目标	熟悉微信小程序中数据绑定和wx:key的基本知识。
技能目标	（1）掌握微信小程序image组件、wx:for列表渲染的使用； （2）掌握Image组件mode属性合法值及对应效果。

任务实现

步骤1： 新建components/stars目录，在该目录下新建components，命名为stars。项目结构如图1-2-5所示。

视频

评分星星组件的实现1

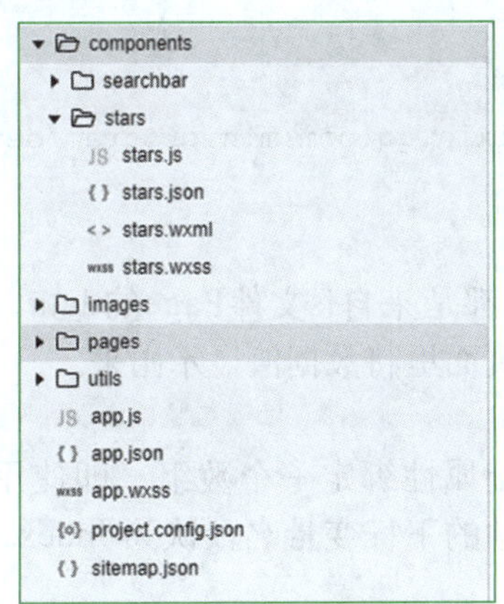

图 1-2-5 stars 目录

步骤2: 评分星星组件的视图层渲染。

（1）打开stars.wxml文件，添加如下代码：

```
<view class='rate-group'>
  <!-- 亮显示星星图片
      1.通过properties中starsize属性控制图片大小
      2.通过data中lights属性遍历控制亮显星星图片数量
      3.wx:key="*this" 提高渲染效率，*this 代表是简单数组，如：[1，2，3]
  当数据改变触发渲染层重新渲染的时候，会校正带有 key 的组件，框架会确保它们被重新排序，而不是重新创建，以确保使组件保持自身的状态，并且提高列表渲染时的效率。
    -->
    <image style='width:{{starsize}}rpx;height:{{starsize}}rpx;'
  wx:for="{{lights}}" wx:key="*this" src="/images/rate_light.png"></image>
    <image style='width:{{starsize}}rpx;height:{{starsize}}rpx;'
  wx:for="{{halfs}}" wx:key="*this" src='/images/rate_half.png’ ></image>
  <image style='width:{{starsize}}rpx;height:{{starsize}}rpx;'
 wx:for="{{grays}}" wx:key="*this" src='/images/rate_gray.png'></image>
  <!-- 显示分数，
      1.根据属性istext值判断是否显示文字分数
      2.通过properties中fontsize属性控制文字大小
      3.通过properties中fontcolor属性控制文字颜色
  -->
  <text wx:if="{{istext}}"    style='font-
size:{{fontsize}}rpx;color:{{fontcolor}};'>{{ratetext}}</text>
    </view>
```

视频

评分星星组件的实现2

知识链接

1. image组件

image组件是用来展示图片的组件，支持 JPG、PNG、SVG、WEBP、GIF 等格式，其中src属性用来指定图片资源地址。详细属性及裁剪缩放模式可参考微信官方文档，具体链接网址如下：

https://developers.weixin.qq.com/miniprogram/dev/component/image.html

2. 数据绑定

wxml页面里的动态数据都是来自js文件Page的data，数据绑定是通过双大括号{{}}将变量包起来，在wxml页面里将数据值显示出来。

3. wx:for列表渲染

在组件上使用wx:for控制属性绑定一个数组，即使用数组中的各项数据重复渲染该组件。默认数组的当前项的下标变量名默认为 index，数组当前项的变量名默认为 item。

当数据改变触发渲染层重新渲染时，会校正带有 key 的组件，框架会确保它们被重新排序，而不是重新创建，以确保使组件保持自身的状态，并且提高列表渲染时的效率。

4. wx:key

如果列表中项目的位置会动态改变或者有新的项目添加到列表中，并且希望列表中的项目保持自己的特征和状态（如 input 中的输入内容，switch 的选中状态），需要使用 wx:key 来指定列表中项目的唯一的标识符。wx:key 的值以两种形式提供：

（1）字符串，代表在 for 循环的 array 中 item 的某个 property，该 property 的值需要是列表中唯一的字符串或数字，且不能动态改变。

（2）保留关键字*this代表在for循环中的item本身，这种表示需要item本身是一个唯一的字符串或者数字。

（2）打开stars.wxss文件，为视图层添加样式文件，代码如下：

```
/* 容器样式 */
.rate-group{
  display: flex;                          /* 弹性布局 */
  justify-content: center;                /* 主轴居中对齐 */
  align-items: center;                    /* 交叉轴居中对齐 */
  font-size: 20rpx;
  color: #ccc;
}
/* 星星图片样式 */
.rate-group image{
  width: 20rpx;
  height: 20rpx;
}
```

步骤3： 打开stars.js文件，为该自定义组件添加updateRate方法，根据传入分值计算出满星星、半星星和灰色星星的个数，在methods对象下添加如下代码：

```
/**
   * 组件的方法列表
   */
  methods: {
    // 更新评分信息
    updateRate: function(){
      var that = this;
      var rate = that.properties.rate;
      var intRate = parseInt(rate);
```

```
        // 通过评分计算亮显星数
        var light = parseInt(intRate / 2);
        // 通过求余数，计算是否显示半个星星
        var half = intRate % 2;
        // 计算灰显星星个数
        var gray = 5 - light - half;
        var lights = [];
        var halfs = [];
        var grays = [];
        // 将亮显星星放入数组
        for (var index = 1; index <= light; index++) {
          lights.push(index);
        }
        // 将半亮显星星放入数组
        for (var index = 1; index <= half; index++) {
          halfs.push(index);
        }
        // 将灰显星星放入数组
        for (var index = 1; index <= gray; index++) {
          grays.push(index);
        }
        // 将分数格式化为1位小数
        var ratetext = rate && rate > 0 ? rate.toFixed(1) : "未评分"
        // 将星星数据及分数文本设置到data对象中
        that.setData({
          lights: lights,
          halfs: halfs,
          grays: grays,
          ratetext: ratetext
        });
      }
  },
```

知识链接

在JavaScript中push()方法可以向数组的末尾添加一个或多个元素，并返回新的长度，语法如下：

```
array.push(item1, item2, ..., itemX)
```

步骤4： 为该自定义组件添加属性值，在properties对象下添加如下代码：

```
/**
   * 组件的属性列表
   */
```

```
  properties: {
    rate: {
      type: Number,
      value: 0,
      observer(newVal, oldVal, changedPath) {
        // 属性被改变时执行的函数（可选），也可以写成在methods中定义的方法
名字符串，如：'_propertyChange'
        // 通常 newVal 就是新设置的数据,oldVal是旧数据
        this.updateRate();
      }
    },
    // 星星图片大小
    starsize: {
      type: Number,
      value: 20 //rpx
    },
    // 分数字体大小
    fontsize: {
      type: Number,
      value: 20 // rpx
    },
    // 分数字体颜色
    fontcolor: {
      type: String,
      value: "#ccc"
    },
    // 是否显示评分文本
    istext: {
      type: Boolean,
      value: true
    }
  },
```

步骤5： 添加生命周期函数，在组件挂载时调用星星个数统计，添加代码如下：

```
/**
   * 组件生命周期
   */
  lifetimes: {
   // 在组件实例进入页面节点树时执行attached
attached: function(){
  // 调用updateRate 更新评分信息
      this.updateRate();
    }
```

```
}
```

步骤6： 打开index.json文件，在usingComponents对象下添加组件引用代码：

```
"stars": "/components/stars/stars",
```

步骤7： 打开index.wxml文件，添加搜索栏组件代码，显示结果如图1-2-6所示。

```
<stars rate="6"></stars>
```

图 1-2-6　显示结果

学习笔记

任务考评

【评分星星的实现】考评记录

姓名		完成日期	
序号	考核内容	标准分	评分
01	创建文件及目录	5	
02	评分星星视图层构建渲染	10	
03	添加评分星星样式	5	
04	添加评分星星计算方法	25	
05	设置评分星星传入属性	25	
06	组件测试	20	
07	完成任务收获积累：	10	
总评分		100	

学习笔记

任务三 数据模块组件的实现

任务描述

情境描述	加入星星组件的数据模块组件可展示影视作品的图片名称信息，需多处使用，将其封装成组件，如图1-2-7所示。  图 1-2-7　数据模块
任务流程	（1）建立itemview文件夹与文件； （2）数据模块视图层构建渲染； （3）数据模块样式添加； （4）数据模块方法添加。 （5）组件测试。
任务准备	熟悉CSS中的display属性的使用。

任务目标

知识目标	熟悉微信小程序自定义组件知识。
技能目标	掌握微信小程序自定义组件的使用。

任务实现

视频

数据模块组件的实现

步骤1： 新建components/itemview目录，在该目录下新建components，命名为itemview。项目结构如图1-2-8所示。

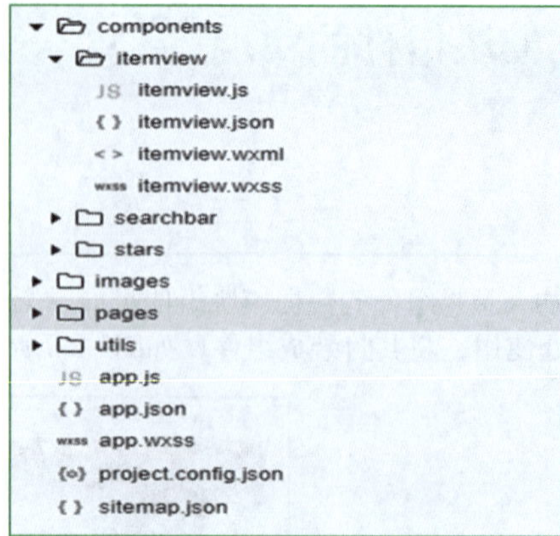

图 1-2-8　itemview 目录

步骤2： 数据模块组件的视图层渲染。

（1）打开itemview.json文件，在usingComponents对象下添加组件引用代码，引用评分星星组件stars：

```
"stars": "/components/stars/stars"
```

（2）打开itemview.wxml文件，添加如下代码：

```
<!-- 如果item不为空则显示一个导航，点击可以导航到指定itemurl的页面-->
<navigator wx:if="{{item}}" class='item-navigator' url="{{itemurl}}">
  <view class='item-group'>
    <view class='thumbnail-group'>
      <!-- 显示图片，图片源为item.cover.url-->
      <image class='thumbnail' src='{{item.cover.url}}'></image>
    </view>
    <!-- 显示标题，标题内容为item.title-->
    <view class='item-title'>{{item.title}}</view>
    <!-- 使用自定义组件显示评分等级信息，将评分值传入自定义组件属性rate-->
    <stars rate="{{item.rating.value}}"></stars>
  </view>
</navigator>
<!--如果item为空，则显示一个空view-->
<view wx:else class="item-navigator"></view>
```

（3）打开itemview.wxss文件，为视图层添加样式文件，代码如下：

```
/* 页面导航样式 */
.item-navigator{
  width: 200rpx;
  margin-right: 20rpx;
  display: inline-block;                    /* 设置元素为内联块 */
```

```
}
.item-navigator .item-group{
  width: 100%;
}
/* 容器样式 */
.item-group .thumbnail-group{
  width: 100%;
  height: 284rpx;
}
/* 影片图片样式 */
.thumbnail-group .thumbnail{
  width: 100%;
  height: 100%;
}
/* 影片标题样式 */
.item-group .item-title{
  font-size: 28rpx;
  text-align: center;
  margin-top: 20rpx;
  text-overflow: ellipsis;                    /* 显示省略符号来代表溢出的文本 */
  overflow: hidden;                           /* 溢出隐藏*/
  margin-bottom: 20rpx;
}
```

知识链接

CSS中的display属性的取值：

none：隐藏对象。

inline：指定对象为内联元素。

block：指定对象为块元素。

list-item：指定对象为列表项目。

inline-block：指定对象为内联块元素。

flex：将对象作为弹性伸缩盒显示。

inline-flex：将对象作为内联块级弹性伸缩盒显示。

步骤3： 打开itemview.js文件为该自定义组件添加属性值，在properties对象下添加如下代码：

```
item: {
      type: Object,
      value: {}
```

```
    },
    itemurl: {
      type: String,
      value: ""
    }
```

步骤4： 组件测试。

（1）打开index.json文件，在usingComponents对象下添加组件引用代码：

```
"itemview": "/components/itemview/itemview"
```

（2）打开index.wxml文件，添加数据模块组件代码：

```
<itemview item="{{item}}"
itemurl="/pages/detail/detail?type={{type}}&id={{item.id}}"></itemview>
```

（3）打开index.js文件，为页面添加测试数据，代码如下：

```
data:{
    item:{
      cover:{
url:"https://timgsa.baidu.com/timg?image&quality=80&size=b9999_10000&sec=158165
4839849&di=7daafbe7d5a57121340d08c8ffd73632&imgtype=0&src=http%3A%2F%2Fb-
ssl.duitang.com%2Fuploads%2Fitem%2F201802%2F20%2F20180220165946_RiGPS.thumb.700
_0.jpeg"
      },
      rating:{
        value:7.1
      },
      title:"叶问4: 完结篇"
    }
  }
```

任务考评

【数据模块组件的实现】考评记录

姓名		完成日期	
序号	考核内容	标准分	评分
01	创建目录与文件	5	
02	数据模块视图层的渲染	10	
03	添加数据模块样式	5	
04	星星评价组件引入	25	
05	添加数据模块方法	25	
06	组件测试	20	
07	完成任务收获积累：	10	
总评分		100	

学习笔记

任务四 首页模块组件的实现

任务描述

情境描述	使用数据模块组件构建首页模块组件时，需要多次使用，将其封装成组件，如图1-2-9所示。  图 1-2-9 首页模块
任务流程	（1）建立文件夹与文件； （2）数据模块引用与首页模块视图层构建； （3）添加首页模块样式； （4）添加首页模块属性方法； （5）组件测试。
任务准备	了解微信小程序scroll-view可滚动视图容器组件。

任务目标

知识目标	熟悉scroll-view可滚动视图容器组件的知识。
技能目标	掌握scroll-view可滚动视图容器组件的使用。

任务实现

步骤1： 新建components/indexmodule目录，在该目录下新建components，命名为indexmodule。项目结构如图1-2-10所示。

步骤2： 首页模块组件视图层渲染。

（1）打开indexmodule.json文件，在usingComponents对象下添加组件引用代码，引用数据模块组件itemview：

```
"itemview": "/components/itemview/itemview"
```

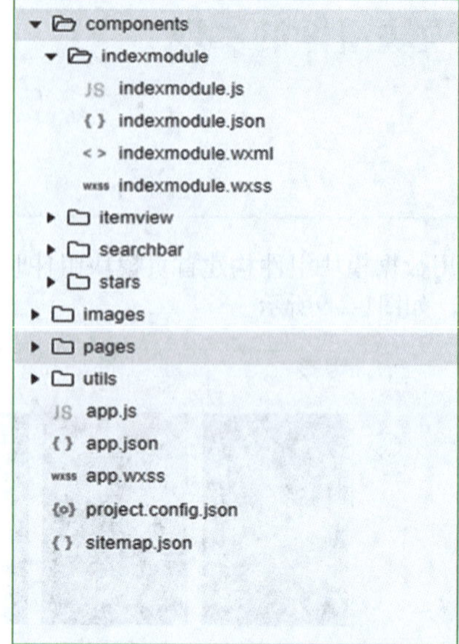

图 1-2-10　indexmodule 目录

（2）打开indexmodule.wxml文件，添加如下代码：

```
<view class='module-group'>
  <view class='module-top'>
    <!-- 显示标题栏，内容为properties中的title属性-->
    <view class='module-title'>{{title}}</view>
    <!-- 显示一个导航，点击导航跳转到properties中的moreurl页面-->
    <navigator url="{{moreurl}}" class='module-more'>更多</navigator>
  </view>
<!--设置横向可滑动，可滑动查看超出部分-->
  <scroll-view class='module-scroll-view' scroll-x="{{true}}">
    <!-- 通过自定义组件itemview，循环遍历properties中items-->
    <itemview wx:for="{{items}}" wx:key="{{item.title}}" item="{{item}}" itemurl="/pages/detail/detail?type={{type}}&id={{item.id}}"></itemview>
  </scroll-view>
</view>
```

知识链接

scroll-view可滚动视图容器组件：

view视图容器组件是不可以滚动的，如果需要实现滚动的效果，需要使用scroll-view可滚动视图容器组件。scroll-view组件的属性如表1-2-5所示。经常会用到scroll-x设置允许横向滚动，scroll-y允许纵向滚动，使用纵向滚动时，需要给<scroll-view/>一个固定高度，通过WXSS设置height。

表 1-2-5 scroll-view 组件的属性

属 性	类 型	默认值	说 明
scroll-x	boolean	false	允许横向滚动
scroll-y	boolean	false	允许纵向滚动
upper-threshold	number/string	50	距顶部 / 左边多远时，触发 scrolltoupper 事件
lower-threshold	number/string	50	距底部 / 右边多远时，触发 scrolltolower 事件
scroll-top	number/string	—	设置竖向滚动条位置
scroll-left	number/string	—	设置横向滚动条位置
scroll-into-view	string	—	值应为某子元素 id（id 不能以数字开头）。设置哪个方向可滚动，则在哪个方向滚动到该元素
enable-back-to-top	boolean	false	iOS 单击顶部状态栏、安卓双击标题栏时，滚动条返回顶部，只支持竖向
bindscrolltoupper	eventhandle	—	滚动到顶部 / 左边时触发
bindscrolltolower	eventhandle	—	滚动到底部 / 右边时触发
bindscroll	eventhandle	—	滚动时触发，event.detail = {scrollLeft, scrollTop, scrollHeight, scrollWidth, deltaX, deltaY}

步骤3： 打开indexmodule.wxss文件，为视图层添加样式文件，代码如下：

```
/* 容器样式 */
.module-group{
  padding: 40rpx;
  background-color: #fff;
}
.module-group .module-top{
  font-size: 36rpx;
  display: flex;
  justify-content: space-between; /*在弹性盒对象的 <div> 元素中的各项周围留有空白*/
}
/* 模块标题样式 */
.module-top .module-title{
  color: #494949;
}
/* “更多” 链接样式 */
.module-top .module-more{
  color: #41be57;
}
/* 可滚动视图容器样式 */
.module-scroll-view{
  margin-top: 40rpx;
  width: 100%;
  height: 400rpx;
```

```
  white-space: nowrap;
}
```

步骤4: 打开indexmodule.js文件为该自定义组件添加属性值，在properties对象下添加如下代码：

```
title: {
        type: String,
        value: ""
},
moreurl: {
  type: String,
  value: ""
},
items: {
  type: Array,
  value: []
},
type: {
  type: String,
  value: ""
}
```

步骤5: 打开index.json文件，在usingComponents对象下添加组件引用代码：

```
"indexmodule": "/components/indexmodule/indexmodule"
```

（1）打开index.wxml文件，添加首页模块组件代码：

```
<indexmodule title="电影" items="{{movies}}"
moreurl="/pages/list/list?type=movie" type="movie"></indexmodule>
```

（2）打开index.js文件，为页面添加测试数据，在data对象下添加代码如下：

```
movies: [{
      cover: {
        url:
"https://timgsa.baidu.com/timg?image&quality=80&size=b9999_10000&sec=1581654839
849&di=7daafbe7d5a57121340d08c8ffd73632&imgtype=0&src=http%3A%2F%2Fb-
ssl.duitang.com%2Fuploads%2Fitem%2F201802%2F20%2F20180220165946_RiGPS.thumb.700
_0.jpeg"
      },
      rating: {
```

```
        value: 8.2
      },
      title: "小妇人"
    }, {
        cover: {
          url:
"https://timgsa.baidu.com/timg?image&quality=80&size=b9999_10000&sec=1581654839
849&di=7daafbe7d5a57121340d08c8ffd73632&imgtype=0&src=http%3A%2F%2Fb-
ssl.duitang.com%2Fuploads%2Fitem%2F201802%2F20%2F20180220165946_RiGPS.thumb.700
_0.jpeg"
        },
        rating: {
          value: 7.1
        },
        title: "叶问4: 完结篇"
      }, {
        cover: {
          url:
"https://timgsa.baidu.com/timg?image&quality=80&size=b9999_10000&sec=1581654839
849&di=7daafbe7d5a57121340d08c8ffd73632&imgtype=0&src=http%3A%2F%2Fb-
ssl.duitang.com%2Fuploads%2Fitem%2F201802%2F20%2F20180220165946_RiGPS.thumb.700
_0.jpeg"
        },
        rating: {
          value: 6.7
        },
        title: "我在时间尽头"
      }]
```

学习笔记

任务考评

【首页模块组件的实现】考评记录

姓名		完成日期	
序号	考核内容	标准分	评分
01	建立 indexmodule 目录及文件	5	
02	引用数据模块组件	5	
03	构建首页模块视图层	10	
04	添加首页模块样式	25	
05	添加首页模块属性与方法	25	
06	组件测试	20	
07	完成任务收获积累：	10	
总评分		100	

学习笔记

任务五　短评组件的实现

任务描述

情境描述	短评组件能够展示影评与打分等情况，需多次使用将其封装成组件，可重复使用，如图1-2-11所示。 图 1-2-11　短评
任务流程	（1）建立文件夹与文件； （2）调用星星评分组件构建短评组件视图层； （3）添加短评组件样式； （4）添加短评组件属性与方法； （5）组件测试。
任务准备	熟悉Flex弹性布局在微信小程序视图层中的应用。

任务目标

知识目标	熟悉微信小程序自定义组件的知识。
技能目标	掌握微信小程序自定义组件的使用。

任务实现

视频

短评组件的实现1

步骤1: 新建components/onecomment目录，在该目录下新建components，命名为onecomment。项目结构如图1-2-12所示。

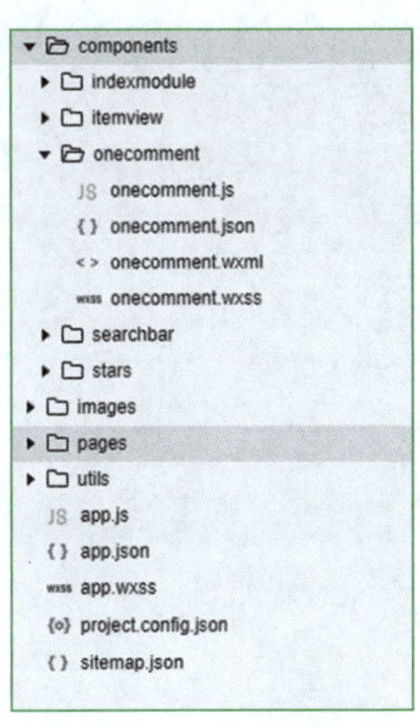

图 1-2-12　onecomment

步骤2: 短评组件的视图层渲染。

（1）打开onecomment.json文件，在usingComponents对象下添加组件引用代码：

```
"stars": "/components/stars/stars"
```

（2）打开onecomment.wxml文件，添加如下代码：

```
<view class='comment-group'>
  <view class='left-comment'>
     <!-- 评论者头像 -->
    <image class="avatar" src="{{item.user.avatar}}"></image>
  </view>
  <view class='right-comment'>
<view class='username-rate'>
<!--评论者昵称-->
      <text class='username'>{{item.user.name}}</text>
      <!-- 使用自定义组件starts，显示评分信息，并且设置不显示文字-->
      <stars rate="{{item.rating.value*2}}" starsize="30"
istext='{{false}}'></stars>
    </view>
    <view class="release-time">{{item.create_time}}</view>    <!--评论时间-->
    <view class='content'>{{item.comment}}</view>             <!--评论内容-->
  </view>
</view>
```

视频
短评组件的实现2

（3）打开onecomment.wxss文件，为视图层添加样式文件，代码如下：

```
    /* 容器样式 */
    .comment-group{
      display: flex;                         /* 弹性布局 */
      justify-content: flex-start;           /* 元素位于容器的开头 */
      padding-top: 40rpx;
}
/* 左侧子容器样式 */
.comment-group .left-comment{
  width: 70rpx;
  margin-right: 20rpx;
}
/* 评论者头像样式 */
.left-comment .avatar{
  width: 70rpx;
  height: 70rpx;
  border-radius: 50%;
```

```
}
/* 右侧子容器样式 */
.comment-group .right-comment{
  flex: 1;
}
.right-comment .username-rate{
  display: flex;
  justify-content: flex-start;
  align-items: center;
}
/* 评论者昵称样式 */
.username-rate .username{
  font-size: 36rpx;
  margin-right: 20rpx;
}
/* 评论时间样式 */
.release-time{
  color: #b3b3b3;
  font-size: 32rpx;
  margin-top: 10rpx;
}
/* 评论内容样式 */
.content{
  font-size: 32rpx;
  color: #353535;
  margin-top: 10rpx;
}
```

知识链接

Flex布局可以简单快速地完成各种伸缩性的设计，很好地支持响应式布局。Flex是Flexible Box的缩写，意为弹性盒子模型，采用Flex布局的元素，称为Flex容器。容器默认存在两根轴：水平的主轴（mainaxis）和垂直的交叉轴（crossaxis）。Flex容器支持的属性有7种，如表1-2-6所示。

表 1-2-6　Flex 容器支持的属性

属性名	功能
display	指定元素是否为 flex 布局
flex-direction	指定主轴方向，决定项目的排列方向
flex-wrap	定义项目如何换行

续上表

属性名	功能
flex-flow	flex-direction 和 flex-wrap 的简写形式
justify-content	定义项目在容器主轴上对齐方式
align-items	定义项目在交叉轴上的对齐方式
align-content	定义多根轴线的对齐方式

步骤3: 打开onecomment.js文件为该自定义组件添加属性值，在properties对象下添加如下代码：

```
item: {
      type: Object,
      value: {}
    }
```

步骤4: 组件测试。

（1）打开index.json文件，在usingComponents对象下添加组件引用代码：

```
"onecomment": "/components/onecomment/onecomment"
```

（2）打开index.wxml文件，添加短评组件代码：

```
<onecomment wx:for="{{comments}}" item="{{item}}"></onecomment>
```

（3）打开index.js文件，为页面添加测试数据，在data对象下添加代码如下：

```
comments:[
      {
        user:{
          avatar:
"https://timgsa.baidu.com/timg?image&quality=80&size=b9999_10000&sec=1581654839
849&di=7daafbe7d5a57121340d08c8ffd73632&imgtype=0&src=http%3A%2F%2Fb-
ssl.duitang.com%2Fuploads%2Fitem%2F201802%2F20%2F20180220165946_RiGPS.thumb.700
_0.jpeg",
          name:'舒小简'
        },
        rating:{
          value:6.3
        },
        create_time:"2020-12-11 12:32:11",
        comment:"这个电影太好看了"
```

```
    },
    {
      user: {
        avatar:
"https://timgsa.baidu.com/timg?image&quality=80&size=b9999_10000&sec=1581654839
849&di=7daafbe7d5a57121340d08c8ffd73632&imgtype=0&src=http%3A%2F%2Fb-
ssl.duitang.com%2Fuploads%2Fitem%2F201802%2F20%2F20180220165946_RiGPS.thumb.700
_0.jpeg",
        name: '舒小简'
      },
      rating: {
        value: 6.3
      },
      create_time: "2020-12-11 12:32:11",
      comment: "这个电影太好看了"
    }
  ]
```

学习笔记

学习笔记

任务考评

【短评组件的实现】考评记录

姓名		完成日期	
序号	考核内容	标准分	评分
01	建立目录及文件	5	
02	引用星星评分组件	5	
03	构建短评组件视图层	10	
04	添加短评组件样式	25	
05	添加短评组件属性与方法	25	
06	组件测试	20	
07	完成任务收获积累：	10	
总评分		100	

学习笔记

单元三 首页

“豆瓣评分”小程序的首页分为搜索栏和主体内容两部分，在首页中既可以搜索查看自己感兴趣的影视作品，也可以分模块快速浏览最新上映的影片评分情况。

学习目标

- 掌握使用微信小程序网络请求方法；
- 掌握 ES6 模块中的 export 与 import 的使用方法；
- 了解小程序页面生命周期。

任务 首页的实现

任务描述

情境描述	首页最上方为搜索栏，单击可跳转至搜索页面。首页主体内容共展示3个模块，分别为电影、电视剧和综艺。每个模块可左右滑动查看最多7条数据，如果需要查看更多，单击模块右上方的“更多”按钮即可，如图1-3-1所示。  图 1-3-1 首页
任务流程	(1) 引用组件构建首页视图； (2) 构架工具类，封装网络请求； (3) 添加首页业务逻辑。
任务准备	了解wx.request()网络请求方法、Es6模块中的导入与导出。

任务目标

知识目标	（1）掌握使用微信小程序网络请求方法； （2）熟悉Es6模块中的导入与导出。
技能目标	熟悉微信小程序网络请求，引用封装函数，导入与导出函数。

视频

首页1

任务实现

步骤1： 为首页添加页面渲染。

（1）打开index.json文件，在usingComponents对象下添加组件引用代码，引用搜索栏组件searchbar和首页模块组件indexmodule：

```
"searchbar": "/components/searchbar/searchbar",
"indexmodule": "/components/indexmodule/indexmodule"
```

（2）为首页界面的视图层添加页面渲染，打开index.wxml文件，添加如下代码：

```
<!-- 使用自定义组件显示搜索栏，向组件传递参数isnavigator为true，使搜索栏变为一个导航，单击搜索栏直接跳转到搜索页面，而不是输入搜索关键字-->
<searchbar isnavigator="{{true}}"></searchbar>
<!--
页面创建时根据页面生命周期自动调用onLoad()函数，在onLoad()函数中做数据初始化，使用自定义组件显示电影评分列表，通过属性向自定义组件中传递参数{{movies}}的值，通过getMovieList函数获取电影评分信息，并赋值给movies。
moreurl="/pages/list/list?type=movie"通过?type=movie向页面传递参数
-->
<indexmodule title="电影" items="{{movies}}" moreurl="/pages/list/list?type=movie" type="movie"></indexmodule>
<!-- 电视剧 -->
<indexmodule title="电视剧" items="{{tvs}}" moreurl="/pages/list/list?type=tv" type="tv"></indexmodule>
<!-- 综艺 -->
<indexmodule title="综艺" items="{{shows}}" moreurl="/pages/list/list?type=show" type="show"></indexmodule>
```

视频

首页2

步骤2： 添加工具类，方便网络请求地址集中管理及网络接口统一调用。

（1）在utils目录下新建js文件，命名为urls。

（2）在utils目录下新建network.js文件，目录结构如图1-3-2所示。

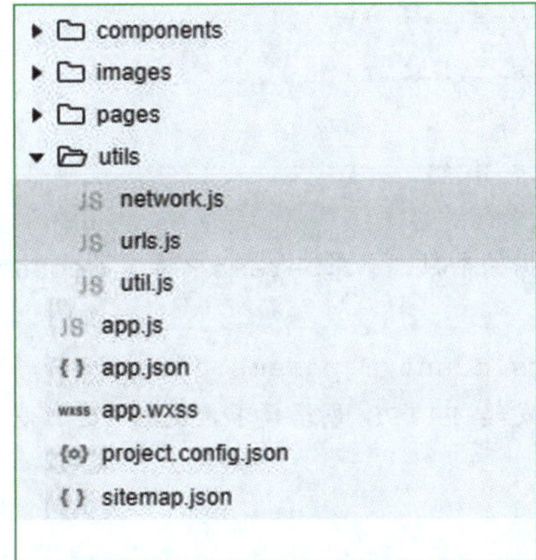

图 1-3-2 utils 目录

(3) 打开urls.js文件，添加首页需要使用的网络请求地址，添加如下代码：

```
const globalUrls = {
  movieList: "https://m.douban.com/rexxar/api/v2/subject_collection/movie_showing/items",
  tvList: "https://m.douban.com/rexxar/api/v2/subject_collection/tv_hot/items",
  showList: "https://m.douban.com/rexxar/api/v2/subject_collection/tv_variety_show/items",
}
export { globalUrls }                                            //导出
```

(4) 为首页需要的网络请求封装函数，方便请求调用。

视频

首页3

① 在network.js文件中引入urls.js文件，在network.js文件顶部添加如下代码：

```
import { globalUrls } from "urls.js";                            //导入
```

② 打开network.js文件，封装getItemList函数，传入参数分别为type（请求类型），count（请求个数）。顺序添加如下代码：

```
  /**
   * 获取item列表
   * params参数格式为
   * { type:value,
   *   success:function(data){ }
   * }
   * */
  getItemList: function(params){
    var url = "";
    // 根据类型找到获取电影，电视剧或者综艺的数据获取url
    if(params.type === 'movie'){
      url = globalUrls.movieList;
```

```
    }else if(params.type === 'tv'){
      url = globalUrls.tvList;
    }else{
      url = globalUrls.showList;
    }
    // 设置每次请求的数据的条数，如果params中传递了count使用count，否则使用
默认值7
    var count = params.count ? params.count : 7;
    // 通过wx.request发起 HTTPS 网络请求，获取评分信息
    console.log(url);
    wx.request({
      url: url,
      data: {
        count: count
      },
      success: function (res) {
        var items = res.data.subject_collection_items;
        var itemsCount = items.length;
        var left = itemsCount%3;
        if(left === 2){
          items.push(null);
        }
        // 将items传入params中的 success函数
        if (params && params.success) {
          params.success(items);
        }
      }
    });
  },
```

知识链接

1. wx.request接口

wx.request接口用于实现向服务器发起网络请求、获取数据等各种网络交互操作。一个微信小程序同时只能有5个网络请求连接，并且发送的请求是HTTPS请求。wx.request接口参数如表1-3-1所示。

表 1-3-1　wx.request 接口参数

参数名称	类　型	必　填	说　明
url	string	是	开发者服务器接口地址
data	string/object/ArrayBuffer	否	请求的参数

续上表

参数名称	类　型	必　填	说　明
header	Object	否	设置请求的 header，header 中不能设置 Referer
method	string	否	HTTP 请求方法
success	function	否	接口调用成功的回调函数
fail	function	否	接口调用失败的回调函数
complete	function	否	接口调用结束的回调函数（调用成功、失败都会执行）

2. ES6模块中的export 与 import

ES6（全称为ECMAScript 6.0）是 JavaScript 语言的下一代标准，于 2015 年 6 月正式发布。它使得 JavaScript 语言可以用来编写复杂的大型应用程序，成为企业级开发语言。ECMAScript 和 JavaScript 的关系为，前者是后者的规格，后者是前者的一种实现。JavaScript 一直没有模块（module）体系，无法将一个大程序拆分成互相依赖的小文件，再用简单的方法拼装起来。ES6 在语言标准的层面上，实现了模块功能，而且实现得相当简单，成为浏览器和服务器通用的模块解决方案。

ES6 的模块分为导出（export）与导入（import）两个模块。export用于规定模块的对外接口，import用于输入其他模块提供的功能。一个模块就是一个独立的文件。该文件内部的所有变量，外部无法获取。如果希望外部能够读取模块内部的某个变量，就必须使用export关键字输出该变量。

3. 服务器域名配置

每个微信小程序需要事先设置通信域名，小程序只可以跟指定的域名进行网络通信。包括普通 HTTPS 请求（wx.request）、上传文件（wx.uploadFile）、下载文件（wx.downloadFile) 和 WebSocket 通信（wx.connectSocket）。

配置服务器域名的具体方法为：在“小程序后台-开发-开发设置-服务器域名”中进行配置。

配置时需要注意以下问题：

（1）域名只支持 https (wx.request、wx.uploadFile、wx.downloadFile) 和 wss (wx.connectSocket) 协议；

（2）域名不能使用 IP 地址（小程序的局域网 IP 除外）或 localhost；

（3）可以配置端口，如 https://myserver.com:8080，但是配置后只能向 https://myserver.com:8080 发起请求。如果向 https://myserver.com、https://myserver.com:9091 等 URL 请求则会失败；

（4）如果不配置端口。如 https://myserver.com，那么请求的 URL 中也不能包含端口，甚至是默认的 443 端口也不可以。如果向 https://myserver.com:443 请求则会失败；

（5）域名必须经过 ICP 备案；

（6）出于安全考虑，api.weixin.qq.com 不能被配置为服务器域名，相关API也不能在小程序内调用。开发者应将 AppSecret 保存到后台服务器中，通过服务器使用 getAccessToken 接口获取 access_token，并调用相关 API；不支持配置父域名，使用子域名。

4. 网络请求

（1）超时时间。网络请求默认超时时间和最大超时时间都是60 s；超时时间可以在app.json 或 game.json 中通过 networktimeout 配置。

（2）使用限制。网络请求的 referer header 不可设置。其格式固定为 https://servicewechat.com/{appid}/{version}/page-frame.html，其中 {appid} 为小程序的 appid，{version} 为小程序的版本号，版本号为 0 表示为开发版、体验版及审核版本，版本号为 devtools 表示为开发者工具，其余为正式版本。

wx.request、wx.uploadFile、wx.downloadFile 的最大并发限制是10个；wx.connectSocket 的最大并发限制是5个。

小程序进入后台运行后，如果5 s内网络请求没有结束，会回调错误信息 fail interrupted；在回到前台之前，网络请求接口调用都会无法调用。

（3）返回值编码。建议服务器返回值使用 UTF-8 编码。对于非 UTF-8 编码，小程序会尝试进行转换，但是会有转换失败的可能。

（4）回调函数。只要成功接收到服务器返回，无论 statusCode 是多少，都会进入 success 回调。请开发者根据业务逻辑对返回值进行判断。

③分别添加获取电影列表，电视剧列表，综艺节目列表封装代码，在network.js文件中顺序添加如下代码：

```
const network = {
  // 获取电影列表
  getMovieList: function (params) {
    //给params参数中增加type属性并赋值为"movie"
    params.type = "movie";
    // 调用getItemList函数发送请求，并调用params中success回调函数
    this.getItemList(params);
  },
  // 获取电视剧列表
  getTVList: function (params) {
    params.type = "tv";
    this.getItemList(params);
  },
  // 获取综艺列表
  getShowList: function (params) {
    params.type = "show";
    this.getItemList(params);
},
```

步骤3: 为首页页面添加业务逻辑代码。

(1) 打开index.js文件，添加network.js文件的引用代码，在页面最顶部添加如下代码：

```
import {network} from "../../utils/network.js";
```

(2) 在生命周期函数中添加获取数据的函数，调用network中封装的函数，在onLoad函数中添加如下代码：

```
/**
   * 生命周期函数--监听页面加载
   * 页面创建时自动执行onLoad函数，向豆瓣服务器请求评分数据
   */
  onLoad: function (options) {
    // MVC: Model, View, Controller
    var that = this;
    // 调用getMovieList函数传递回调函数，获取电影评分信息
    network.getMovieList({
      success: function(movies){
        that.setData({
          movies: movies
        });
      }
    });
    // 电视剧
    network.getTVList({
      success: function(tvs){
        that.setData({
          tvs: tvs
        });
      }
    });
    // 综艺
    network.getShowList({
      success: function (shows) {
        console.log(shows)
        that.setData({
          shows: shows
        });
      }
    });
}
```

学习笔记

【首页】考评记录

姓名		完成日期	
序号	考核内容	标准分	评分
01	引用组件	5	
02	构建首页视图	10	
03	建立工具类	5	
04	封装函数	25	
05	抛出与引用函数	25	
06	在生命周期中使用封装函数	20	
07	完成任务收获积累：	10	
总评分		100	

学习笔记

单元四 列表页

在“豆瓣评分”微信小程序中，列表页用于展示电影、电视剧、综艺类型影片的全部数据内容，需要引用自定义组件 searchbar 和 itemview，具体任务通过页面渲染和业务逻辑实现。

学习目标

- 掌握微信小程序中使用 wx:for 实现对象的遍历；
- 掌握使用 setData 函数将数据从逻辑层发送到视图层的实现方法。

任务 列表页的实现

任务描述

<table>
<tr><td>情境描述</td><td>当单击首页各类型影片中的“更多”链接时可以进入列表页，如图1-4-1所示。

图 1-4-1 列表页</td></tr>
<tr><td>任务流程</td><td>（1）为列表页添加页面渲染；
（2）为列表页添加业务逻辑代码。</td></tr>
<tr><td>任务准备</td><td>熟悉ES6模块中的import的使用，setData函数的使用。</td></tr>
</table>

任务目标

知识目标	掌握微信小程序中使用wx:for实现对象的遍历。
技能目标	掌握使用setData函数将数据从逻辑层发送到视图层的实现方法。

任务实现

视频

列表页

步骤1： 为列表页添加页面渲染。

（1）打开list.json文件，在usingComponents对象下添加组件引用代码，引用搜索栏组件searchbar和数据模块组件itemview：

```
"searchbar": "/components/searchbar/searchbar",
"itemview": "/components/itemview/itemview"
```

（2）为列表页的视图层添加页面渲染，打开list.wxml文件，添加如下代码：

```
<searchbar isnavigator="{{true}}"></searchbar>
<view class='container'>
<!-- 通过自定义组件itemview，循环遍历data中items-->
  <itemview wx:for="{{items}}" wx:key="{{item.title}}" item="{{item}}"
itemurl="/pages/detail/detail?type={{type}}&id={{item.id}}"></itemview>
</view>
```

知识链接

在微信小程序中wx:for循环不仅可以遍历数组，也可以遍历对象：

```
wx:for="{{数组或对象}}"
wx:for-item="循环项名称"
wx:for-index="循环索引名称"
wx:key="唯一值"
```

（3）为页面添加样式文件，打开list.wxss文件，添加如下代码:

```
.container{
  display: flex;
  justify-content: space-between;
  flex-wrap: wrap;
  padding: 30rpx;
}
```

步骤2: 为列表页面添加业务逻辑代码。

（1）打开list.js文件，添加network.js文件的引用代码，在页面最顶部添加如下代码：

```
import {network} from "../../utils/network.js";
```

（2）在生命周期函数中添加获取数据函数，根据页面跳转type类型，调用network中的封装函数，在onLoad函数中添加如下代码：

```
/* 生命周期函数--监听页面加载 */
  onLoad: function (options) {
    var that = this;
    // 接收请求连接中的参数
```

```
    var type = options.type;
    that.setData({
      type:type
    });
    var title = "";
    wx.showLoading({
      title: '正在加载中...',
    })
    if(type === "movie"){
      // 请求电影的数据
      network.getMovieList({
        success: function (items) {
          // 将请求返回的数据设置到data中
          that.setData({
            items: items
          });
          // 隐藏提示框 "正在加载中..."
          wx.hideLoading();
        },
        // 设置请求1000条数据
        count: 1000
      });
      title = "电影";
    }else if(type === 'tv'){
      // 请求电视剧的数据
      network.getTVList({
        success: function (items) {
          that.setData({
            items: items
          });
          wx.hideLoading();
        },
        count: 1000
      });
      title = "电视剧";
    }else{
      // 请求综艺的数据
      network.getShowList({
        success: function (items) {
          that.setData({
            items: items
          });
          wx.hideLoading();
        },
        count: 1000
      });
```

```
        title = "综艺";
      }
      wx.setNavigationBarTitle({
        title: title,
      })
    },
```

知识链接

在微信小程序Page()方法中，setData()可以用来同步更新data属性中的数据值，也能异步更新相关数据到WXML页面上。其参数说明如表1-4-1所示。

表 1-4-1　setData() 参数说明

字　段	类　型	必　填	描　述
data	Object	是	要更新的一个或多个数据，格式为 {key1:value1，key2:value2，…，keyN:valueN}
callback	Function	否	setData 引起的界面更新渲染完毕后的回调函数

setData()方法在使用时不是必须事先在Page()方法的data中定义初始值，可以在data数据空白的情况下直接用该方法设置一些新定义的变量。如果需要读取data中的数值，可以使用this.data的形式。

【列表页功能】考评记录

姓名		完成日期	
序号	考核内容	标准分	评分
01	引用组件	10	
02	列表页页面渲染	20	
03	页面样式	20	
04	逻辑实现	40	
05	完成任务收获积累：	10	
总评分		100	

学习笔记

单元五 搜索功能

豆瓣小程序首页最上方为搜索栏图片，单击可跳转至搜索页面。在搜索页面上方的搜索栏中输入关键字，可查找到相关的电影、电视剧等影视作品信息。并在页面下方通过列表信息呈现，通过搜索页面可实现小程序的搜索功能。

学习目标

- 熟悉如何使用 API 实现本地数据缓存和清理本地缓存数据；
- 掌握 wx.setStorage 和 wx.removeStorage API 接口的使用方法。

任务 搜索功能的实现

任务描述

情境描述	在搜索栏中录入关键字后可查找指定的电影、电视剧或综艺类别中的视频内容，如图1-5-1所示。具体任务的实现可以通过搜索页视图渲染、搜索页样式、修改工具类和业务逻辑实现。  图 1-5-1 搜索功能
任务流程	（1）搜索页视图渲染； （2）添加搜索页样式； （3）添加修改工具类； （4）添加业务逻辑。
任务准备	wx.setStorage和wx.removeStorage API接口。

任务目标

知识目标	熟悉如何使用API实现本地数据缓存和清理本地缓存数据。
技能目标	掌握wx.setStorage和wx.removeStorage API接口使用方法。

视频

搜索功能1

任务实现

步骤1： 为搜索页添加页面渲染。

（1）打开search.json文件，在usingComponents对象下添加组件引用代码，引用搜索栏组件searchbar：

```
"searchbar": "/components/searchbar/searchbar"
```

搜索功能2

（2）为搜索界面的视图层添加页面渲染，打开search.wxml文件，添加如下代码：

```
    <searchbar bindsearchinput="onSearchInputEvent"></searchbar>
    <view class='history-list-group' wx:if="{{histories && !subjects}}">
      <view class='history-title'>
        <view class='title'>历史记录</view>
    <view class='clear' bindtap="onClearEvent">清除</view>
  </view>
  <navigator wx:for="{{histories}}" wx:key="{{item.id}}"
url='/pages/detail/detail?type={{item.type}}&id={{item.id}}' class='history-group'>{{item.title}}</navigator>
      </view>
      <view class='item-list-group'>
        <view wx:for="{{subjects}}" class='item-group' wx:key="{{item.id}}"
      bindtap="onItemTapEvent" data-id="{{item.id}}" data-title="{{item.title}}" data-type="{{item.type}}">
          <image src='{{item.pic.normal}}' class='thumbnail'></image>
          <view class='info-group'>
            <view class='title'>{{item.title}}</view>
            <view class='rate-year'>{{item.rating.value}}分/{{item.year}}</view>
          </view>
        </view>
      </view>
```

（3）为页面添加样式文件，打开search.wxss文件，添加如下代码：

```
/* 影片列表组容器样式 */
```

```
.item-list-group{
  padding: 10rpx 20rpx;
}
/* 影片列表项容器样式 */
.item-list-group .item-group{
  padding: 10rpx 0;
  border-bottom: 1px solid #e4e4e4;
  display: flex;
}
/* 影片图片样式 */
.item-group .thumbnail{
  width: 80rpx;
  height: 100rpx;
  margin-right: 20rpx;
}
/* 影片信息容器样式 */
.item-group .info-group{
  flex: 1;
  display: flex;
  flex-direction: column;
  justify-content: space-between;
}
/* 影片标题样式 */
.info-group .title{
  font-size: 32rpx;
}
/* 影片评分和上映年份样式 */
.info-group .rate-year{
  font-size: 28rpx;
  color: #7b7b7b;
}
/* 搜索历史记录容器样式 */
.history-list-group{
  padding: 10rpx 20rpx;
}
.history-list-group .history-title{
  display: flex;
  justify-content: space-between;
  padding: 20rpx 0;
  background: #f9f9f9;
  font-size: 28rpx;
  color: #9e9e9e;
}
.history-list-group .history-group{
```

```
    font-size: 32rpx;
    padding: 20rpx 0;
    border-bottom: 1px solid #e4e4e4;
}
```

视频

搜索功能3

步骤2: 修改工具类，方便网络请求地址集中管理及网络接口统一调用。

（1）打开urls.js文件，添加搜索页需要的网络请求地址searchUrl()函数，传入参数为搜索信息内容。顺序添加如下代码：

```
    searchUrl: function (q) {
  return "https://m.douban.com/rexxar/api/v2/search? q=" + q
}
```

（2）打开network.js文件，封装getSearch()函数，传入参数为搜索信息内容。顺序添加如下代码：

```
  // 搜索item
getSearch: function(params){
  // 获取搜索关键字
  var q = params.q;
  // 将参数组装到搜索链接
  var url = globalUrls.searchUrl(q);
  wx.request({
    url: url,
    success: function(res){
      console.log("---------2")
      console.log(res)
      var subjects = res.data.subjects;
      if(params.success){
        params.success(subjects);
      }
    }
  })
}
```

步骤3: 为搜索页面添加业务逻辑代码。

（1）打开search.js文件，添加network.js文件的引用代码，在页面最顶部添加如下代码：

```
import {network} from "../../utils/network.js";
```

（2）在onLoad生命周期函数中，获取搜索内容缓存数据，添加如下代码：

```
onLoad: function (options) {
    var that = this;
    wx.getStorage({
      key: 'searched',
      success: function(res) {
        var data = res.data;
        that.setData({
          histories: data
        })
      },
    })
  },
```

（3）为输入框添加数据变化监听onSearchInputEvent事件，实时请求网络数据并且将搜索内容展示在页面中，添加如下代码：

```
onSearchInputEvent: function(event){
    var that = this;
    // 获取输入关键字
    var value = event.detail.value;
    if(!value || value === ""){
      that.setData({
        subjects: null
      });
      return;
    }
    // 根据关键字获取评分列表内容
    network.getSearch({
      q: value,
      success: function(subjects){
        console.log(subjects)
        that.setData({
          subjects: subjects
        })
      }
    })
```

（4）为搜索内容项添加单击onItemTapEvent事件，判断该项是否已存在于缓存中，如不存在，则将该条记录存入缓存中，添加如下代码：

视频

搜索功能4

```
onItemTapEvent: function(event){
    var that = this;
    // 获取dataset中的参数
    var id = event.currentTarget.dataset.id;
```

```
    var type = event.currentTarget.dataset.type;
    var title = event.currentTarget.dataset.title;
    var histories = that.data.histories;
    var isExisted = false;
    // 在历史列表中根据id查找数据
    if(histories){
      for(var index=0;index<histories.length;index++){
        var movie = histories[index];
        if(movie.id === id){
          isExisted = true;
          break;
        }
      }
    }
    if(!isExisted){
      if(!histories){
        histories = [];
      }
      histories.push({ title: title, id: id, type: type});
      // 将数据存储在本地缓存中指定的key中
      wx.setStorage({
        key: 'searched',
        data: histories,
        success: function () {
          console.log("保存成功！");
        }
      })
    }
    // 页面跳转到详细页面
    wx.navigateTo({
      url: "/pages/detail/detail?type=" + type+"&id="+id,
    });
  },
```

（5）为“清除”按钮添加onClearEvent事件，删除缓存中的内容，添加如下代码：

```
onClearEvent: function(event){
    wx.removeStorage({
      key: 'searched',
      success: function(res) {
        console.log("删除成功！");
      },
    });
```

```
    this.setData({
      histories: null
    });
  }
```

知识链接

1. wx.setStorage(Object)

wx.setStorage是微信小程序提供的API接口，用于将数据存储在本地缓存中指定的key 中，会覆盖掉原来该key对应的内容。除非用户主动删除或因存储空间原因被系统清理，否则数据都一直可用。单个 key 允许存储的最大数据长度为1 MB，所有数据存储上限为 10 MB。wx.setStorage(Object)参数说明如表1-5-1所示。

表 1-5-1 wx.setStorage(Object) 参数说明

属性	类型	必填	说明
key	string	是	本地缓存中指定的 key
data	any	是	需要存储的内容。只支持原生类型、Date 及能够通过 JSON. stringify 序列化的对象
success	function	否	接口调用成功的回调函数
fail	function	否	接口调用失败的回调函数
complete	function	否	接口调用结束的回调函数（调用成功、失败都会执行）

2. wx.removeStorage

wx.removeStorage(Object)用于从本地缓存中移除指定 key中对应的数据，其参数说明如表1-5-2所示。

表 1-5-2 wx.removeStorage(Object) 参数说明

属性	类型	必填	说明
key	string	是	本地缓存中指定的 key
success	function	否	接口调用成功的回调函数
fail	function	否	接口调用失败的回调函数
complete	function	否	接口调用结束的回调函数（调用成功、失败都会执行）

学习笔记

任务考评

【搜索功能】考评记录

姓名		完成日期	
序号	考核内容	标准分	评分
01	搜索页视图渲染	10	
02	添加搜索页样式	25	
03	添加修改工具类	25	
04	添加业务逻辑	30	
05	完成任务收获积累：	10	
总评分		100	

学习笔记

单元六 详情页

“豆瓣评分”小程序中的详情页是对影视作品的具体介绍，包括作品简介及评论。本单元主要介绍详情页中基本信息、标签信息和短评信息展示的实现。

学习目标

- 熟悉微信小程序中的网络请求；
- 熟悉小程序页面生命周期；
- 掌握 flex 布局样式；
- 熟悉 text 组件的使用方法；
- 掌握封装函数的使用。

任务一 基本信息展示

任务描述

<table>
<tr><td>情境描述</td><td>在“豆瓣评分”小程序首页或列表页中点击自己感兴趣的影片时，可打开“详情页”查看该影片详细信息，包括影片基本信息展示、豆瓣成员常用标签和短评，详情页如图1-6-1所示。

图 1-6-1 详情页</td></tr>
<tr><td>任务流程</td><td>（1）“基本信息展示”部分页面构建；
（2）添加样式；
（3）修改工具类；
（4）添加业务逻辑。</td></tr>
<tr><td>任务准备</td><td>熟悉wxss样式，对比css样式。</td></tr>
</table>

任务目标

知识目标	熟悉微信小程序中的网络请求，小程序页面生命周期。
技能目标	熟练掌握flex布局样式，封装函数的使用。

任务实现

视频

基本信息展示1

步骤1： 为详情页中添加页面渲染。

（1）打开detail.json文件，在对象下添加组件引用代码，引用评分星星组件：

```
"stars": "/components/stars/stars"
```

（2）为详情页的视图层添加基础信息展示部分的渲染，打开detail.wxml文件，添加如下代码：

```
<view class="item-header">
  <view class="item-title">{{item.title}} {{item.original_title}}({{item.year}})</view>
  <view class='item-detail'>
    <view class="left-detail">
      <view class="item-rate">
        <!-- 使用自定义组件显示星星等级 -->
        <stars rate="{{item.rating.value}}" starsize="30" fontsize="30" fontcolor="#595959"></stars>
        <!-- 显示评价人数 -->
        <text class="comment-persons">{{item.rating.value}}人评价</text>
      </view>
      <view class="item-sub-detail">
        <!-- 显示时长 -->
        <view class="item-type">
          {{item.durations[0]}} {{item.genres}}
        </view>
        <!-- 显示上映时间，及地点-->
        <view class="item-show">
          {{item.pubdate[0]}}上映 {{item.countries[0]}}
        </view>
        <!--显示演员列表-->
        <view class="item-actors">
          {{item.authors}}
        </view>
      </view>
    </view>
    <!-- 显示影片图片 -->
```

```
    <view class='right-detail'>
      <image src="{{item.cover.image.small.url}}"></image>
    </view>
  </view>
</view>
```

（3）为页面添加样式文件，打开detail.wxss文件，添加如下代码：

```
/* 容器样式 */
.item-header{
  padding: 60rpx 30rpx;
}
/* 影片标题样式 */
.item-header .item-title{
  font-size: 50rpx;
}
/* 影片评分容器样式 */
.item-header .item-detail{
  display: flex;
  justify-content: space-between;
  margin-top: 20rpx;
}
.item-detail .left-detail{
  flex: 1;
  margin-right: 20rpx;
}
.left-detail .item-rate{
  display: flex;
  justify-content: flex-start;
  align-items: center;
}
/* 评价人数文字样式 */
.item-rate .comment-persons{
  font-size: 28rpx;
  color: #ccc;
  margin-left: 20rpx;
}
.item-detail .right-detail{
  width: 200rpx;
  height: 300rpx;
}
/* 影片图片样式 */
.right-detail image{
```

```
  width: 100%;
  height: 100%;
}
.item-sub-detail{
  margin-top: 40rpx;
  font-size: 32rpx;
}
.item-sub-detail view{
  margin-bottom: 10rpx;
}
```

视频

基本信息展示2

步骤2: 修改工具类，方便网络请求地址集中管理及网络接口统一调用。

（1）打开urls.js文件，添加详情页需要的网络请求地址。顺序添加如下代码：

```
movieDetail: "https://m.douban.com/rexxar/api/v2/movie/",
tvDetail: "https://m.douban.com/rexxar/api/v2/tv/",
showDetail: "https://m.douban.com/rexxar/api/v2/tv/",
```

（2）打开network.js文件，封装getItemDetail函数，传入参数为模块类型和影视数据id。顺序添加如下代码：

```
  // 获取详情
getItemDetail: function(params){
  var type = params.type;
  var id = params.id;
  var url = "";
  //根据参数type和id拼接请求链接
  if(type === 'movie'){
    url = globalUrls.movieDetail + id;
  }else if(type === 'tv'){
    url = globalUrls.tvDetail + id;
  }else{
    url = globalUrls.showDetail + id;
  }
  wx.request({
    url: url,
    success: function(res){
      var item = res.data;
      if(params.success){
        // 通过回调函数将信息返回至调用方
        params.success(item);
      }
    }
```

```
    })
  },
```

步骤3： 为详情页页面添加业务逻辑代码。

（1）打开detail.js文件，添加network.js文件的引用代码，在页面最顶部添加如下代码：

```
import {network} from "../../utils/network.js";
```

（2）在onLoad生命周期函数中，获取详情页基础信息内容数据，根据页面展示要求拼接数据，添加如下代码：

```
/* 生命周期函数--监听页面加载 */
  onLoad: function (options) {
    var that = this;
    //获取链接参数 type
    var type = options.type;
    // 获取链接所跟参数 id
    var id = options.id;
    that.setData({
      id: id,
      type: type
    });
    // 根据type和id获取评分详细信息
    network.getItemDetail({
      type: type,
      id: id,
      // 传入回调函数
      success: function(item){
        console.log(item)
        // 解析返回的详细信息
        var genres = item.genres;
        genres = genres.join("/");
        item.genres = genres;
        var actors = item.actors;
        var actorNames = [];
        if(actors.length > 3){
          actors = actors.slice(0, 3);
        }
        for(var index=0; index<actors.length; index++){
          actor = actors[index];
          actorNames.push(actor.name);
        }
        var authors=""
```

```
    actorNames = actorNames.join("/");
    if(type=="show"){
      authors = actorNames;
    }else{
      var director = item.directors[0].name;
      authors = director + "(导演) /" + actorNames;
    }
    item.authors = authors;
    that.setData({
      item: item
    });
  }
 });
}
```

知识链接

在页面逻辑文件Page()函数的参数中可以定义当前页面的生命周期函数。页面的生命周期函数主要有onLoad、onShow、onReady、onHide、onUnload等，其语法及功能如下：

```
onLoad: function(options) {
    // 页面加载函数，当页面加载完成后调用该函数，一个页面只会调用一次
  },
  onShow: function() {
    // 页面显示函数，页面显示时调用该函数，每次打开页面都会调用一次
  },
  onReady: function() {
   // 页面渲染函数，页面首次渲染完成后调用该函数，一个页面只会调用一次
  },
  onHide: function() {
    // 页面隐藏函数，页面隐藏时调用该函数，当进行navigateTo或底部进
行tab切换时调用
  },
  onUnload: function() {
    // 页面卸载函数，页面卸载时调用该函数
  },
  onPullDownRefresh: function() {
    // 触发下拉刷新时调用
  },
  onReachBottom: function() {
    // 页面触底时调用
```

```
  },
  onShareAppMessage: function () {
    // 页面被用户分享时调用
  },
  onPageScroll: function() {
    // 页面滚动时调用
  },
  onResize: function() {
    // 页面尺寸变化时调用
  }
```

当小程序页面生命周期触发时，页面初次打开会依次触发onLoad()、onShow()、onReady()这3个函数。同样，如果被切换到后台，会调用页面onHide()函数，从后台被唤醒会调用页面onShow()函数。直到页面关闭会调用onUnload()函数，下次打开还会依次触发onLoad()、onShow()、onReady()这3个函数。

需要注意的是，tab页面的互相切换以及在当前页面上打开一个新页面都不算页面关闭，只是起到了隐藏的作用。这几种情况只会触发onHide()函数，回到此页面只触发onShow()函数。

学习笔记

【详情页】考评记录

姓名		完成日期	
序号	考核内容	标准分	评分
01	“基本信息展示”部分页面构建	20	
02	添加样式	25	
03	修改工具类	25	
04	添加业务逻辑代码	20	
05	完成任务收获积累：	10	
总评分		100	

学习笔记

任务二 标签信息展示

任务描述

情境描述	详情页中包含“标签信息展示”部分，用来显示豆瓣成员对该影片添加的常用标签信息，如图1-6-2所示。 豆瓣成员常用标签 科幻 灾难 2022 电影 剧情 太空 图 1-6-2 标签信息展示
任务流程	（1）标签信息视图构建； （2）添加标签信息样式； （3）添加修改工具类； （4）添加业务逻辑。
任务准备	熟悉text组件使用方法。

任务目标

知识目标	掌握wx:for、数据请求wx.request的使用方法。
技能目标	掌握onLoad生命周期函数的使用方法。

任务实现

步骤1： 为详情页的视图层添加标签信息展示部分的渲染。

视频

标签信息展示1

（1）打开detail.wxml文件，添加如下代码：

```
<view class='item-tags'>
  <view class='item-tags-title'>豆瓣成员常用标签</view>
  <view class='item-tags-list'>
    <text wx:for="{{tags}}" wx:key="*this">{{item}}</text>
  </view>
</view>
```

知识链接

text组件用于展示内容，类似于HTML中的<span>。text组件中的内容可以长按选中，支持转义字符“\”，属于行内元素。其属性如表1-6-1所示。

表 1-6-1　text 组件属性

属　性	类　型	默认值	说　明
selectable	boolean	false	文本是否可选（已废弃）
user-select	boolean	false	文本是否可选，该属性会使文本节点显示为 inline-block
space	string		显示连续空格
decode	boolean	false	是否解码

注意事项如下：

• decode可以解析的有 、<、>、&、'、 、 。

• 各个操作系统的空格标准并不一致。

• <text/>组件内只支持<text/>嵌套。

• 除了文本节点以外的其他节点都无法长按选中。

（2）添加样式，打开detail.wxss文件，添加如下代码：

```
/* 标签容器样式 */
.item-tags{
  padding: 0 30rpx;
}
/* 标签标题样式 */
.item-tags .item-tags-title{
  color: #b3b3b3;
  font-size: 32rpx;
  margin-bottom: 20rpx;
}
/* 标签项容器样式 */
.item-tags .item-tags-list{
  display: flex;
  justify-content: flex-start;
  flex-wrap: wrap;
}
/* 标签样式 */
.item-tags-list text{
  padding: 10rpx 20rpx;
  background: #f5f5f5;
  font-size: 32rpx;
  color: #353535;
  text-align: center;
  border-radius: 40rpx;
  margin-right: 20rpx;
  margin-bottom: 20rpx;
}
```

步骤2： 修改工具类，方便网络请求地址集中管理及网络接口统一调用。

视频
标签信息展示2

（1）打开urls.js文件，添加获取标签需要的网络请求地址函数，传入参数为视频数据id。顺序添加如下代码：

```
movieTags: function(id){
  return "https://m.douban.com/rexxar/api/v2/movie/"+ id +"/tags?count=8"
},
tvTags: function(id){
  return "https://m.douban.com/rexxar/api/v2/tv/"+id+"/tags?count=8"
},
showTags: function(id){
  return this.tvTags(id);
},
```

（2）打开network.js文件，封装获取标签信息的getItemTags函数，传入参数为模块类型和影视数据id。顺序添加如下代码：

```
// 获取标签
  getItemTags: function(params){
    var type = params.type;
    var id = params.id;
    var url = "";
    //根据参数type和id拼接请求链接
    if(type === 'movie'){
      url = globalUrls.movieTags(id);
    }else if(type === 'tv'){
      url = globalUrls.tvTags(id);
    }else{
      url = globalUrls.showTags(id);
    }
    console.log(url)
    wx.request({
      url: url,
      success: function(res){
        var tags = res.data.tags;
        if(params.success){
          // 通过回调函数将结果信息返回至调用方
          params.success(tags);
        }
      }
    })
}
```

步骤3: 为详情页页面添加业务逻辑代码。

在onLoad生命周期函数中，获取详情页标签内容数据，顺序添加如下代码：

```
    // 获取标签信息
    network.getItemTags({
      type: type,
      id: id,
      //回调函数
      success: function(tags){
        console.log(tags)
        that.setData({
          tags: tags
        });
      }
  });
```

学习笔记

任务考评

【标签信息展示】考评记录

姓名		完成日期	
序号	考核内容	标准分	评分
01	标签信息视图构建	10	
02	添加标签信息样式	25	
03	添加修改工具类	25	
04	添加业务逻辑	30	
05	完成任务收获积累：	10	
总评分		100	

学习笔记

任务三 短评信息展示

任务描述

情境描述	详情页最下方可展示影片短评信息，如果需要查看更多内容，可单击“查看更多短评”链接，如图1-6-3所示。  图 1-6-3 短评信息
任务流程	（1）视图层构建； （2）添加样式； （3）修改工具类； （4）添加业务逻辑。
任务准备	自定义组件使用方法，微信API发起网络请求方法。

任务目标

知识目标	熟悉网络请求相关知识。
技能目标	掌握网络请求、视图层构建、业务逻辑的实现。

任务实现

步骤1： 为短评信息添加页面渲染。

（1）打开detail.json文件，在usingComponents对象下添加组件引用代码，引用短评组件onecomment：

```
"onecomment": "/components/onecomment/onecomment"
```

（2）为详情页的视图层添加短评信息展示部分的渲染，打开detail.wxml文件，顺序添加如下代码：

```
<view class='comment-list-group'>
  <!-- 显示短评数量-->
  <view class='comment-title'>短评({{totalComment}})</view>
  <!-- 使用自定义组件显示短评信息-->
  <onecomment wx:for="{{comments}}" item="{{item}}"></onecomment>
</view>
<navigator class='more-comment'url='/pages/comment/comment?id={{id}}&type={{type}}
&thumbnail={{item.cover.image.small.url}}&title={{item.title}}&rate={{item.
rating.value}}'>查看更多短评</navigator>
```

（3）为页面添加样式文件，打开detail.wxss文件，添加如下代码：

```
/* 短评列表容器样式 */
.comment-list-group{
  padding: 60rpx 30rpx;
}
/* 短评标题及数量样式 */
.comment-list-group .comment-title{
  font-size: 32rpx;
  color: #b3b3b3;
}
/*“查看更多短评”导航链接样式 */
.more-comment{
  text-align: center;
  font-size: 36rpx;
  color: #41be57;
  margin-bottom: 60rpx;
}
```

步骤2： 修改工具类，方便网络请求地址集中管理及网络接口统一调用。

（1）打开urls.js文件，添加获取短评需要的网络请求地址函数，传入参数为视频数据id，请求个数count和请求开始点start。顺序添加如下代码：

```
movieComments: function(id, start=0, count=3){
   return 'https://m.douban.com/rexxar/api/v2/movie/' + id + '/interests?count=' +
count + '&start=' + start;
  },
  tvComments: function(id, start=0, count=3){
    return 'https://m.douban.com/rexxar/api/v2/tv/' + id + '/interests?count='+
count + '&start=' + start;
  },
  showComments: function(id, start=0, count=3){
```

```
    return this.tvComments(id, start, count);
  },
```

（2）打开network.js文件，封装获取标签信息的getItemTags函数，传入参数为模块类型type，视频数据id，请求个数count和请求开始点start。顺序添加如下代码：

```
// 获取短评
  getItemComments: function(params){
    // 获取参数
    var type = params.type;
    var id = params.id;
    var start = params.start?params.start:0;
    var count = params.count?params.count:3;
    var url = "";
    // 根据参数拼接请求链接
    if(type === 'movie'){
      url = globalUrls.movieComments(id, start, count);
    }else if(type === 'tv'){
      url = globalUrls.tvComments(id, start, count);
    }else{
      url = globalUrls.showComments(id, start, count);
    }
    // 发送请求
    wx.request({
      url: url,
      success: function(res){
        var data = res.data;
        if(params.success){
          // 调用参数中的回调函数将数据返回调用方
          params.success(data);
        }
      }
    })
},
```

步骤3： 为详情页页面添加业务逻辑代码。

（1）在onLoad生命周期函数中，获取详情页标签内容数据，顺序添加如下代码：

```
    // 获取评论
    network.getItemComments({
      type: type,
      id: id,
       //回调函数，请求结果将返回到该函数
```

```
        success: function(data){
          console.log(data)
          var totalComment = data.total;
          var comments = data.interests;
          // 将结果数据设置到data中
          that.setData({
            totalComment: totalComment,
            comments: comments
          });
        }
      });
    },
```

学习笔记

任务考评

【短评信息展示】考评记录

姓名		完成日期	
序号	考核内容	标准分	评分
01	视图层构建	15	
02	添加样式	15	
03	修改工具类	20	
04	封装函数	20	
05	添加业务逻辑	20	
06	完成任务收获积累：	10	
总评分		100	

学习笔记

单元七 短评列表功能

“豆瓣评分”小程序中的短评列表页用于显示每个影视作品的所有评论内容，该页面的具体实现主要通过页面构建、添加样式、封装函数和添加业务逻辑完成。

学习目标

- 熟悉 button 组件的使用；
- 熟练掌握事件函数的创建与使用；
- 掌握 wx.navigateBack() 接口的功能与使用方法。

任务 短评列表功能的实现

任务描述

<table>
<tr><td>情境描述</td><td>当单击详情页最下方的“查看更多短评”链接时，可打开“短评列表页”，如图1-7-1所示。
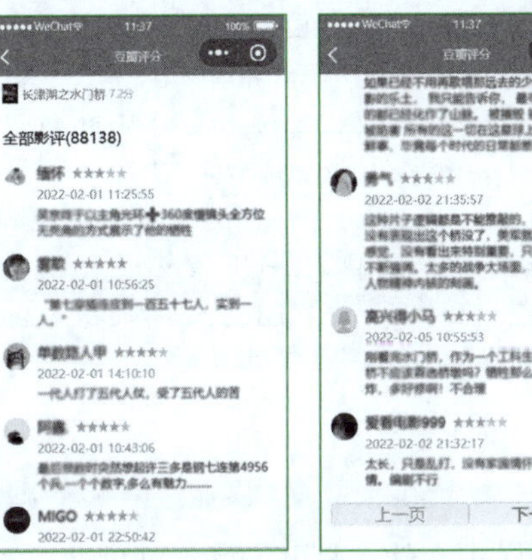
图 1-7-1 短评列表页</td></tr>
<tr><td>任务流程</td><td>（1）短评列表页面构建；
（2）添加样式；
（3）封装函数；
（4）添加业务逻辑。</td></tr>
<tr><td>任务准备</td><td>完成短评自定义组件。</td></tr>
</table>

任务目标

知识目标	熟悉button组件的使用。
技能目标	（1）熟练掌握事件函数的创建与使用； （2）掌握wx.navigateBack()接口的功能与使用方法。

任务实现

视频

短评列表功能1

步骤1： 为短评列表页添加页面渲染。

（1）打开comment.json文件，在usingComponents对象下添加组件引用代码，引用短评组件onecomment：

```
"onecomment": "/components/onecomment/onecomment"
```

（2）为短评列表页面的视图层添加页面渲染，打开comment.wxml文件，添加如下代码：

```
<view class="container">
  <view class="item-group" bindtap="onItemTapEvent">
    <!-- 显示影片图片-->
    <image class="thumbnail" src='{{thumbnail}}'></image>
    <!-- 显示影片标题 -->
    <text class='item-title'>{{title}}</text>
    <!-- 显示影片评分-->
    <text class='item-rate'>{{rate}}分</text>
  </view>
    <!-- 显示影评数量-->
  <view class='comment-title'>全部影评({{total}})</view>
    <!-- 通过自定义组件显示评论详细内容-->
  <onecomment wx:for="{{comments}}" item="{{item}}"></onecomment>
  <view class='page-btn-group'>
    <button class='page-btn' bindtap='onPrePageTap' disabled='{{start <= 1}}'
loading="{{preLoading}}">上一页</button>
    <button class='page-btn' bindtap='onNextPageTap' loading='{{nextLoading}}'>
下一页</button>
  </view>
</view>
```

（3）为页面添加样式文件，打开comment.wxss文件，添加如下代码：

```
/* 短评列表容器样式 */
.container{
  padding: 20rpx 30rpx;
}
.item-group{
  display: flex;
  justify-content: flex-start;
  align-items: center;
}
/* 影片图片样式 */
.item-group .thumbnail{
```

```
  width: 40rpx;
  height: 50rpx;
}
/* 影片标题样式 */
.item-group .item-title{
  font-size: 32rpx;
  color: #41be57;
  margin-left: 10rpx;
  margin-right: 10rpx;
}
/* 影片评分样式 */
.item-group .item-rate{
  font-size: 28rpx;
  color: #ccc;
}
/* 短评列表标题样式 */
.comment-title{
  margin-top: 60rpx;
  font-size: 40rpx;
}
/* 翻页按钮容器样式 */
.page-btn-group{
  margin-top: 40rpx;
  margin-bottom: 40rpx;
  display: flex;
  justify-content: flex-start;
  align-items: center;
}
/*"上一页"按钮样式 */
/*"下一页"按钮样式 */
.page-btn{
  flex: 1;
  height: 60rpx;
  color: #898989;
  border-color: #898989;
  line-height: 60rpx;
}
```

知识链接

button组件用来实现用户和应用之间的交互，同时按钮的颜色起引导作用，通常在一个程序中一个按钮至少有3种状态：默认点击（default）、建议点击（primary）。谨慎点击（warn）。在构建项目时，注意在合适的场景使用合适的按钮。当button被form包裹时，可以通过设置form-type属性触发表单对应的事件。button组件的属性如表1-7-1所示。

表 1-7-1　button 组件的属性

属性名	类　型	默认值	说　明
size	string	default	按钮的大小
type	string	default	按钮的样式类型
plain	boolean	false	按钮是否镂空，背景色透明
disabled	boolean	false	是否禁用
loading	boolean	false	名称前是否带 loading 图标
form-type	string	—	用于 form 组件，点击分别会触发 form 组件的 submit/reset 事件
open-type	string	—	微信开放能力
hover-class	string	button-hover	指定按钮按下去的样式类。当 hover-class="none" 时，没有点击态效果
hover-start-time	number	20	按住后多久出现点击态，单位毫秒
hover-stay-time	number	70	手指松开后点击态保留时间，单位毫秒

视频

短评列表功能2

步骤2： 为短评列表页面添加业务逻辑代码。

（1）打开comment.js文件，添加network.js文件的引用代码，在页面最顶部添加如下代码：

```
import {network} from "../../utils/network.js";
```

（2）为页面添加临时变量，分别为短评总量total、短评请求开始点start、单次请求个数count，在data字段中添加如下代码：

```
data: {
    total: 0,
    start: 1,
    count: 20
  },
```

（3）封装getComments函数，获取当前页页面数据，传入短评请求开始点start数据。添加如下代码：

```
getComments: function(start){
    var that = this;
    var type = that.data.type;
    console.log(type)
    var id = that.data.id;
    if(start > that.data.start){
      that.setData({
        nextLoading: true
      });
    }else{
      that.setData({
        preLoading: true
      });
    }
```

```
    // 请求评论数据
    network.getItemComments({
      type: type,
      id: id,
      start: start,
      count: 20,
      success: function (data) {
        console.log(data)
    // 解析返回的评论数据
        var total = data.total;
        var comments = data.interests;
        console.log(comments);
    // 将评论数据放入data中
        that.setData({
          total: total,
          comments: comments,
          start: start,
          preLoading: false,
          nextLoading: false
        });
        wx.pageScrollTo({
          scrollTop: 0,
        })
      }
    })
  },
```

（4）在onLoad生命周期函数中，获取首页展示短评数据，获取上一个页面传递数据，用来展示页面首行数据。添加如下代码：

```
onLoad: function (options) {
    var that = this;
    that.setData(options);
    that.getComments(1);
  },
```

（5）为页面首行数据添加onItemTapEvent事件，效果未返回上一页，添加如下代码：

```
onItemTapEvent: function(event){
    wx.navigateBack({});
  },
```

知识链接

1.跳转到新页面

小程序使用wx.navigateTo(OBJECT)保留当前页面，并在当前页面上方打开应用内指定的新页面。在这种打开方式下可以单击新页面左上角的返回按钮或使用wx.navigateBack()接口返回到原页面。其OBJECT参数说明如表1-7-2所示。

表 1-7-2　wx.navigateTo(OBJECT) 的参数

属性	类型	必填	说明
url	string	是	需要跳转的应用内非 tabBar 的页面的路径，路径后可以带参数。参数与路径之间使用“?”分隔，参数键与参数值用“=”相连，不同参数用“&”分隔；如 ‘path?key=value&key2=value2’
success	function	否	接口调用成功的回调函数
fail	function	否	接口调用失败的回调函数
complete	function	否	接口调用结束的回调函数（调用成功、失败都会执行）

2.返回指定页面

小程序使用wx.navigateBack(OBJECT)关闭当前页面，返回上一页面或多级页面，其OBJECT参数说明如表1-7-3所示。

表 1-7-3　wx.navigateBack(OBJECT) 的参数

属性	类型	默认值	说明
delta	number	1	返回的页面数，如果 delta 大于现有页面数，则返回到首页
success	function	—	接口调用成功的回调函数
fail	function	—	接口调用失败的回调函数
complete	function	—	接口调用结束的回调函数（调用成功、失败都会执行）

（6）为“上一页”按钮添加单击onPrePageTap事件，如果现有起始点大于20，则代表非第一页数据，则可以单击“上一页”按钮。添加如下代码：

```
onPrePageTap: function(event){
    var that = this;
    var oldStart = that.data.start;
    var count = that.data.count;
    if(oldStart - count > 0){
      var start = oldStart - count;
      that.getComments(start);
    }
  },
```

（7）为“下一页”按钮添加单击onNextPageTap事件，起始点为上一页起始点加上20，添加如下代码：

```
onNextPageTap: function(event){
    var that = this;
    var oldStart = that.data.start;
    var start = oldStart + that.data.count;
    that.getComments(start);
```

【短评列表功能】考评记录

姓名		完成日期	
序号	考核内容	标准分	评分
01	短评列表页面构建	20	
02	添加样式	25	
03	封装函数	25	
04	添加业务逻辑	20	
05	完成任务收获积累：	10	
总评分		100	

学习笔记

项目二

琪斐定制家居馆

“琪斐定制家居馆”微信小程序用于展示琪斐定制家具的公司简介、产品服务、典型案例、最新产品等信息，为公司的宣传和产品推广起到重要作用。该项目的开发包括产品展示和联系我们、首页模块2个单元。

视 频

琪斐定制家居功能介绍

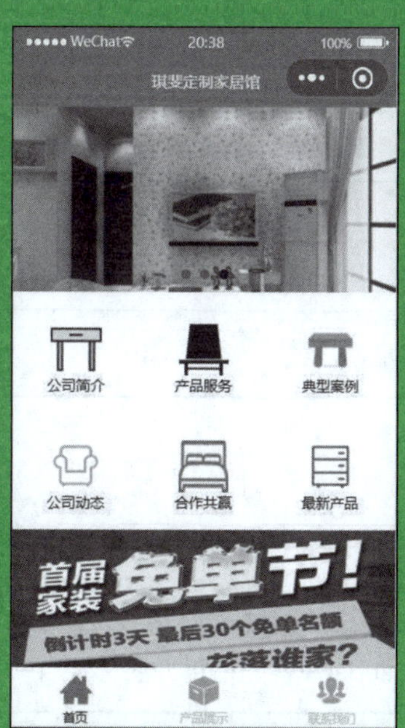

单元一 产品展示和联系我们

本单元介绍了“琪斐定制家居馆”小程序中“产品展示”和“联系我们”模块的实现，具体分为3个任务，配置tab标签导航、产品展示页和联系我们页面。

学习目标

- 熟悉小程序全局配置文件app.json功能；
- 掌握app.json文件中pages属性、window对象、tabBar属性的使用方法；
- 掌握image组件的使用方法；
- 掌握内置地图与拨打电话API的使用。

任务一 配置tab标签导航

任务描述

<table>
<tr><td>情境描述</td><td>如果小程序是一个多tab应用（客户端窗口的底部或顶部有tab栏可以切换页面），可以通过tabBar配置项指定tab栏的表现，以及tab切换时显示的对应页面。
在本项目中tab标签导航位于“首页”“产品展示”“联系我们”3个页面的底部，能够实现快捷切换页面的效果，如图2-1-1所示。

图2-1-1 tab标签导航</td></tr>
<tr><td>任务流程</td><td>（1）整理初始代码，删除部分文件及代码；
（2）配置底部tab标签导航。</td></tr>
<tr><td>任务准备</td><td>了解微信小程序全局配置文件中的tabBar属性配置。</td></tr>
</table>

任务目标

知识目标	熟悉微信小程序全局配置文件app.json功能 。
技能目标	掌握app.json文件中pages属性、window对象、tabBar属性的使用方法。

任务实现

步骤1: 整理初始代码，删除部分文件及代码。

（1）打开app.js文件，删除自带代码，只保留以下代码：

```
//app.js
App({
})
```

（2）删除logs文件包。

（3）打开app.json文件，删除“pages/logs/logs”，保留以下代码：

```
{
  //配置页面路径
"pages": [
    "pages/index/index"
  ],
 //配置窗口表现
  "window": {
    "backgroundTextStyle": "light",
    "navigationBarBackgroundColor": "#1aad19",
    "navigationBarTitleText": "琪斐定制家居馆",
    "navigationBarTextStyle": "white"
  },
}
```

（4）删除index.wxml文件和index.wxss文件中所有代码。

（5）打开index.js文件，删除自带代码，只保留以下代码：

```
//index.js
//获取应用实例
const app=getApp()
Page({
})
```

（6）将教材资源中的image文件夹拷贝至项目中，放在与pages同级目录下，如图2-1-2所示。

步骤2: 配置底部tab标签导航。

（1）新建pages/products目录，在该目录下新建products页面文件。项目结构如图2-1-3所示。

（2）同理新建pages/me目录和me页面文件。

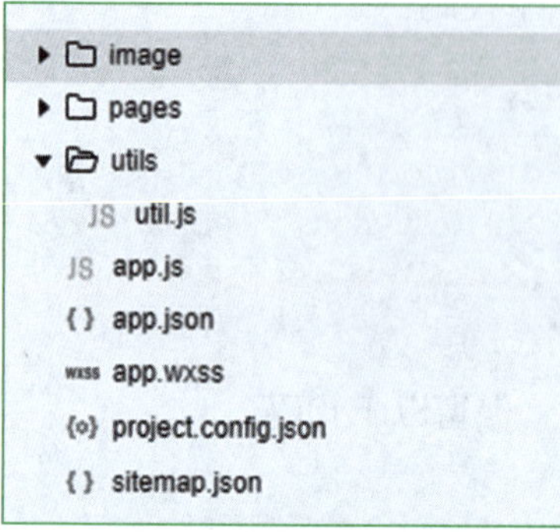

图 2-1-2　image 目录

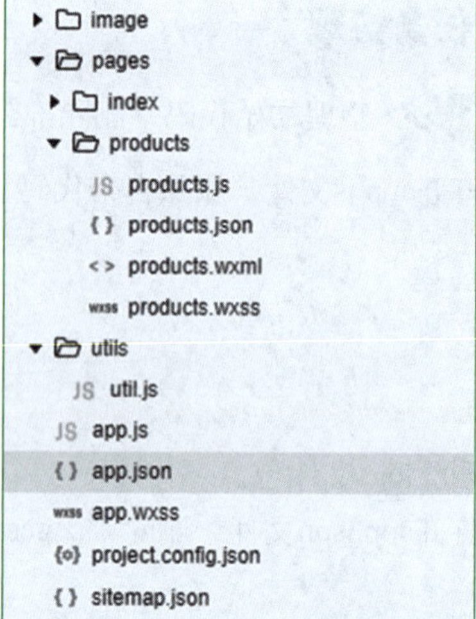

图 2-1-3　products 目录

（3）打开app.json文件，配置tab标签导航，添加如下代码：

```
//配置tab标签导航
"tabBar": {
    "color": "#dddddd",
    "selectedColor": "#000000",
    "borderStyle": "white",
    "backgroundColor": "#ffffff",
    "list": [
      {
        "pagePath": "pages/index/index",
        "iconPath": "image/12.png",
        "selectedIconPath": "image/11.png",
        "text": "首页"
      },
      {
        "pagePath": "pages/products/products",
        "iconPath": "image/32.png",
        "selectedIconPath": "image/31.png",
        "text": "产品展示"
      },
      {
        "pagePath": "pages/me/me",
        "iconPath": "image/22.png",
        "selectedIconPath": "image/21.png",
        "text": "联系我们"
      }
    ]
  }
```

对于微信小程序而言，app.json是一个全局配置文件，有五个主要的功能：决定页面文件路径、配置窗口的表现、配置tab标签导航、设置网络超时时间以及配置debug模式。

1. 决定页面文件路径

在app.json文件中配置微信小程序页面路径具体使用属性“pages”，以数组的形式存放页面文件路径。文件路径以文件名进行命名，数组的第一项代表小程序的初始页面。

2. 配置窗口的表现

app.json文件可以配置窗口的表现，包括导航栏背景色、导航栏标题颜色、导航栏标题文字内容、窗口的背景色、下拉背景字体、loading图的样式，以及是否开启下拉刷新设置。这些功能的配置都放置在window对象里。

3. 配置tab标签导航

微信小程序配置tab标签导航时，可以配置底部标签导航和顶部标签导航，通过tabBar来配置。tabBar是一个数组，只能配置最少2个、最多5个tab，tab按数组的顺序排序。当position属性值设置为top时，为顶部标签导航；当position属性值设置为bottom或者不设置时，为底部标签导航。

tabBar的属性设置如下：

（1）color：tab上的文字默认颜色；

（2）selectedColor：tab上的文字选中时的颜色；

（3）borderStyle：tabBar上边框的颜色，仅支持black/white；

（4）backgroundColor：tab的背景色；

（5）position：可选值bottom、top；

（6）list：导航配置数组，最少2个、最多5个tab，数组中的每一项都是一个对象；

（7）pagePath：页面路径，必须在pages中定义；

（8）text：tab上按钮文字；

（9）iconPath：图标路径；

（10）selectedIconPath：选中时图标路径。

4. 设置网络超时时间

在app.json文件中通过networkTimeout对象来设置网络超时时间，其属性如下所示：

（1）request：wx.request的超时时间，单位毫秒，默认为60 000；

（2）connectSocket：wx.connectSocket的超时时间，单位为毫秒，默认为60 000；

（3）uploadFile：wx.uploadFile 的超时时间，单位为毫秒，默认为60 000；

（4）downloadFile：wx.downloadFile 的超时时间，单位为毫秒，默认为60 000。

5. 配置debug模式

配置debug模式是在开发者工具的控制台面板，调试信息以 info 的形式给出，其信息有 Page 的注册、页面路由、数据更新、事件触发等。可以帮助开发者快速定位一些常见的问题。具体代码如下：

```
"debug": true
```

学习笔记

【配置 tab 标签导航】考评记录

姓名		完成日期	
序号	考核内容	标准分	评分
01	整理初始代码，删除部分文件及代码	40	
02	配置底部 tab 标签导航	50	
03	完成任务收获积累：	10	
总评分		100	

学习笔记

任务二 产品展示页

任务描述

情境描述

产品展示页用于公司产品介绍，主要包括郁金飘香、阿尔卑斯等系列展示，如图2-1-4所示。

图 2-1-4　产品展示页

任务流程	（1）视图层页面渲染； （2）添加页面样式。
任务准备	（1）创建页面； （2）设置导航栏页面跳转地址。

任务目标

知识目标	熟悉image组件的使用方法。
技能目标	熟悉css盒子模型的相关属性。

任务实现

步骤1： 为视图层添加页面渲染，打开文件products.wxml，并添加如下代码：

```
<view class="goods-box">
  <image src="../../image/f1.jpg" class="goods-thumb"></image>
</view>
<view class="goods-detail">01商品详情</view>
<view class="goods-content">
琪斐风格【郁金飘香】，以纯白色、深棕色为主，整体感觉典雅、细腻。该风格的面板是“胡桃木+白牡丹吸塑”，融合了现代与中式的设计风格，在款式和色调上强调简约、舒适、温馨。此设计去繁就简、张弛有度，体现了现代人追求简约精致的高质量生活理念。
</view>
<view class="goods-box">
  <image src="../../image/f2.jpg" class="goods-thumb"></image>
</view>
<view class="goods-detail">02商品详情</view>
<view class="goods-content">
琪斐风格【阿尔卑斯】，以奶白色、木黄色为主，整体感觉清新素雅。该风格的面板是“白蜡木+香雪意境吸塑”组合，共同营造淡雅的意境。此设计强调结构简单、功能舒适且实用，略偏简欧风格，着重在于突显出装饰主义风味的古典质感，因此简约而不失格调。
</view>
```

知识链接

<image>是图片组件，可以用于显示本地或网络图片，其默认宽度为300 px、高度为225 px。该组件对应的属性如表2-1-1所示。

表 2-1-1 image 组件属性

属性	类型	默认值	说 明
src	string	—	图片资源地址
mode	string	scaleToFill	图片裁剪、缩放的模式
lazy-load	boolean	false	图片懒加载，在即将进入一定范围（上下三屏）时才开始加载
binderror	eventhandle	—	当错误发生时触发，event.detail = {errMsg}
bindload	eventhandle	—	当图片加载完成时触发，event.detail = {height, width}

注意：

<image> 组件的 mode 属性用于控制图片的裁剪、缩放，根据所填入的不同有效值会形成 14 种模式，即 5 种缩放模式和 9 种裁剪模式，具体情况如表 2-1-2 所示。

表 2-1-2 image 组件的 mode 属性有效值

值		说明
缩放模式	scaleToFill	不保持纵横比缩放图片，使图片的宽高完全拉伸至填满 image 元素
	aspectFit	保持纵横比缩放图片，使图片的长边能完全显示出来。也就是说，可以完整地将图片显示出来
	aspectFill	保持纵横比缩放图片，只保证图片的短边能完全显示出来。也就是说，图片通常只在水平或垂直方向是完整的，另一个方向将会发生截取
	widthFix	宽度不变，高度自动变化，保持原图宽高比不变
	heightFix	高度不变，宽度自动变化，保持原图宽高比不变
裁剪模式	top	不缩放图片，只显示图片的顶部区域
	bottom	不缩放图片，只显示图片的底部区域
	center	不缩放图片，只显示图片的中间区域
	left	不缩放图片，只显示图片的左边区域
	right	不缩放图片，只显示图片的右边区域
	top left	不缩放图片，只显示图片的左上边区域
	top right	不缩放图片，只显示图片的右上边区域
	bottom left	不缩放图片，只显示图片的左下边区域
	bottom right	不缩放图片，只显示图片的右下边区域

步骤2： 打开样式文件products.wxss，添加如下代码：

```
/* 容器样式 */
  .goods-box{
    text-align: center;
    color: #454552;
    border-bottom: 30rpx solid #ededed;
  }
/* 产品图片样式 */
  .goods-thumb{
    width: 100%;
    height: 390rpx;
  }
/* “商品详情” 文字样式 */
  .goods-detail{
    width: 100%;
    height: 90rpx;
```

```
    line-height: 90rpx;
    border-bottom: 1rpx solid #ededed;
    text-align: center;
    color: #c7c7c7;
  }
  .goods-content{
    padding: 40rpx;
  }
```

知识链接

在微信小程序页面设计中，为了控制各个模块在页面中的位置，需要掌握盒子模型以及盒子模型的各个属性和应用方法，才能轻松地控制页面中的各个元素。盒子模型是在页面设计中经常用到的一种思维模式，它和我们生活中看到的盒子相当，是一个用来盛装内容的容器。在css中，一个独立的盒子模型由内容（content）、内边距（padding）、边框（border）和外边距（margin）4个部分组成，其中padding、border和margin可以进一步细化为上下左右4个部分，在CSS中可以分别进行设置。

width和height表示内容的宽度和高度。

padding-top、padding-right、padding-bottom和padding-left分别表示上内边距、右内边距。底内边距和左内边距。

border-top，border-right，border-bottom 和border-left分别表示上边框，右边框，底边框和左边框。

margin-top、margin-right、margin-bottom和margin-left分别表示上外边距、右外边距。底外边距和左外边距。

因此，一个盒子实际所占有的宽度（高度）应该由“内容”+“内边距”+“边框”+“外边距”组成。

学习笔记

任务考评

【产品展示页】考评记录

姓名		完成日期	
序号	考核内容	标准分	评分
01	视图层页面渲染	40	
02	添加页面样式	50	
03	完成任务收获积累：	10	
总评分		100	

学习笔记

任务三 联系我们页

任务描述

情境描述	“联系我们”页用于提供联系方式及在线客服，如图2-1-5所示。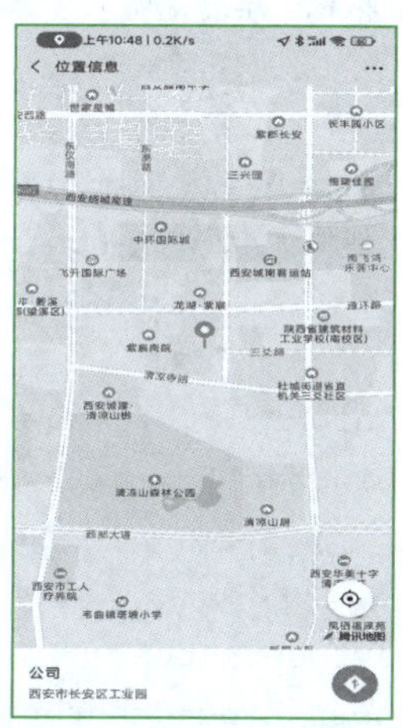图 2-1-5 “联系我们”页
任务流程	（1）视图层页面渲染； （2）添加页面样式； （3）添加单击事件，调用内置地图与拨打电话API。
任务准备	通过官方文档了解微信地图API与拨打电话API。

任务目标

知识目标	熟悉内置地图与拨打电话API。
技能目标	掌握内置地图与拨打电话API的使用。

任务实现

步骤1： 为“联系我们”页视图层添加渲染，打开me.wxml文件，添加如下代码：

视 频

联系我们页面渲染

```
<view class="banner">
  <image src="/image/lx.jpg" mode="aspectFill"></image>
</view>
```

```
<view class="IndexList">
  <view>
    <image src="../../image/tel.png" class="telIco" ></image>
    <text bindtap="telUs"> 电话: 1324█████3(点击拨号)</text>
  </view>
  <view>
    <image src="../../image/weixin.png" class="weixinIco"></image>
    <text> 微信: 琪斐定制家居馆</text>
  </view>
  <view>
    <image src="../../image/email.png" class="eIco"></image>
    <text> 邮件: ███████@qq.com</text>
  </view>
  <view>
    <image src="../../image/map.png" class="mapIco"></image>
    <text bindtap="click">西安市长安区工业园</text>
  </view>
</view>
<view class="goods-box">
  <button open-type="contact" class="goods-opeartion">在线客服</button>
</view>
<view class="footer">
  @2020 江苏一道云科技 版权所有
</view>
```

步骤2: 添加样式文件，打开me.wxss文件，添加如下代码：

视 频

联系我们页面样式添加

```
/* banner图片样式 */
.banner image{
  width: 100%;
  height: 400rpx;
}
/* 容器样式 */
.IndexList{
  width: 100%;
  display: block;
  margin-top: 40rpx;
}
.IndexList view{
  border-bottom: 1px solid #f5f5f5;
  width: 84%;
  display:block;
  margin: 0.8%;
  color: #333;
```

```
  height: 100rpx;
  line-height: 100rpx;
  margin-left: 40rpx;
}
/* 小图标样式 */
.IndexList .telIco{
  width: 4%;
  height: 40rpx;
  margin-right: 15rpx;
}
.IndexList .mapIco{
  width: 4%;
  height: 40rpx;
  margin-right: 15rpx;
}
.IndexList .weixinIco{
  width: 4%;
  height: 40rpx;
  margin-right: 15rpx;
}
.IndexList .eIco{
  width: 4%;
  height: 40rpx;
  margin-right: 15rpx;
}
/* "在线客服"按钮样式 */
.goods-box .goods-opeartion{
  position: relative;
  width: 92%;
  height: 100rpx;
  line-height: 100rpx;
  padding: 0 50rpx;
  margin: 0 auto 60rpx;
  box-sizing: border-box;
  border-radius: 10rpx;
  background: #1aad19;
  color: #fff;
  font-size: 28rpx;
}
/* 版权信息样式 */
.footer{
  line-height: 34px;
  text-align: center;
  color: #c8c8c8;
}
```

步骤3： 打开me.js文件，为公司地址添加click单击事件，调用内置地图API。为电话按钮添加teltoUs单击事件，调用拨打电话的小程序API。在Page对象下，添加如下代码。

```
click:function(){
    console.log("--------")
    wx.openLocation({
      latitude: 34.18074103494882,
      longitude: 108.93442092216493,
      scale:18,
      name:"工作室",
            address:"西安市长安区工业园"
        })
    },
    telUs:function(){
      wx.makePhoneCall({
        phoneNumber: '123123123123',
      })
    },
```

视 频

联系我们页面逻辑

知识链接

1.wx.openLocation打开内置地图

微信小程序内置了腾讯地图，可以使用wx.openLocation(Object)这个接口打开地图，wx.openLocation是通过指定的纬度和经度来确定位置。wx.openLocation(Object)的参数说明如表2-1-3所示。

表 2-1-3　wx.openLocation(Object) 参数说明

属性	类型	必填	说　明
latitude	number	是	纬度，范围为 -90~90，负数表示南纬。使用 GCJ02 国家测绘局坐标系
longitude	number	是	经度，范围为 -180~180，负数表示西经。使用 GCJ02 国家测绘局坐标系
scale	number	否	缩放比例，范围 5~18
name	string	否	位置名
address	string	否	地址的详细说明
success	function	否	接口调用成功的回调函数
fail	function	否	接口调用失败的回调函数
complete	function	否	接口调用结束的回调函数（调用成功、失败都会执行）

2.wx.makePhoneCall拨打电话

在微信小程序里支持拨打电话功能，使用wx.makePhoneCall这个API就可以拨打电话，wx.makePhoneCall(Object object)的参数有四个属性，如表2-1-4所示。

表 2-1-4 wx.makePhoneCall(Object object) 参数说明

属性	类型	必填	说 明
phoneNumber	string	是	需要拨打的电话号码
success	function	否	接口调用成功的回调函数
fail	function	否	接口调用失败的回调函数
complete	function	否	接口调用结束的回调函数（调用成功、失败都会执行）

学习笔记

学习笔记

【联系我们】考评记录

姓名		完成日期	
序号	考核内容	标准分	评分
01	视图层页面渲染	30	
02	添加页面样式	30	
03	添加单击事件，调用内置地图与拨打电话 API	30	
04	完成任务收获积累：	10	
总评分		100	

学习笔记

单元二 首页模块

“琪斐定制家居馆”小程序的首页模块由首页展示、公司简介页、产品服务页、典型案例页和最新产品页 5 个任务组成。

学习目标

- 熟悉轮播图与九宫格导航栏的制作；
- 掌握 swiper 组件和 block wx:for 的使用方法；
- 掌握页面与 js 文件的数据绑定；
- 熟悉 bindtap 点击事件的使用；
- 掌握 wx.makePhoneCall 拨打电话 API 的使用。

任务一 首页展示

任务描述

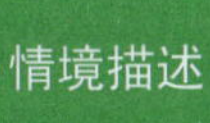 情境描述	首页页面包括顶部“轮播图”“九宫格导航栏”以及“底部广告”3部分，如图2-2-1所示。  图 2-2-1 首页页面
任务流程	（1）顶部轮播图效果实现； （2）构建九宫格导航栏； （3）底部广告效果实现。
任务准备	通过官方文档了解swiper组件和block wx: for。

任务目标

知识目标	熟悉轮播图与九宫格导航栏的制作。
技能目标	掌握swiper组件和block wx:for的使用方法。

任务实现

步骤1: 顶部轮播图效果实现。

视　频
首页轮播图效果实现

（1）为顶部轮播图视图层添加渲染，打开index.wxml文件，添加如下代码：

```
<view class='huandeng'>
  <swiper indicator-dots="true" autoplay="true" interval="5000">
    <block wx:for="{{imgUrls}}" wx:key="key">
      <swiper-item>
        <image src="{{item}}" />
      </swiper-item>
    </block>
  </swiper>
</view>
```

（2）为顶部轮播图添加样式文件，打开index.wxss文件，添加如下代码：

```
/*图片轮播*/
.huandeng image{
width: 100%;
height: 450rpx;
}
```

（3）为顶部轮播图添加页面绑定数据，打开index.js文件，在Page对象中添加如下代码：

```
Page({
  data:{
    imgurls:[
      '../../image/a11.jpg',
      '../../image/a12.jpg',
      '../../image/a13.jpg'
    ]
  }
})
```

知识链接

1.swiper组件

swiper滑块视图容器组件在微信小程序开发中应用率非常高，该组件有两种常用的效果：图片轮播和页签切换，其常用属性如表2-2-1所示。

表 2-2-1 swiper 滑块视图容器组件属性

属性	类型	默认值	说明
indicator-dots	boolean	false	是否显示面板指示点
Indicator-color	color	rgba(0,0, 0, .3)	指示点颜色
Indicator-active-color	color	#000000	当前选中的指示点颜色
autoplay	boolean	false	是否自动切换
current	number	0	当前所在滑块的 index
interval	number	5000	自动切换时间间隔
duration	number	500	滑动动画时长
circular	boolean	false	是否采用衔接滑动
bindchange	eventhandle		current 改变时会触发 change 事件，event.detail = {current, source}

2.block wx:for列表渲染多个组件

wx:for通常应用在某一个组件上，但是如果想渲染一个包含多节点的结构块，这时wx:for就需要应用在<block/>标签上。

步骤2： 构建九宫格导航栏。

（1）新建pages/company目录，在该目录下新建company页面文件，目录结构如图2-2-2所示。

视 频

首页九宫格导航栏效果实现

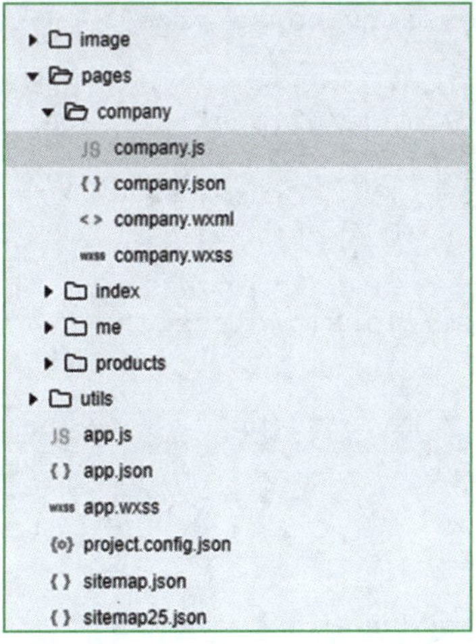

图 2-2-2 company 目录结构

（2）同理新建service、classic、dynamic、cooperation、newest页面目录，目录结构如图2-2-3所示。

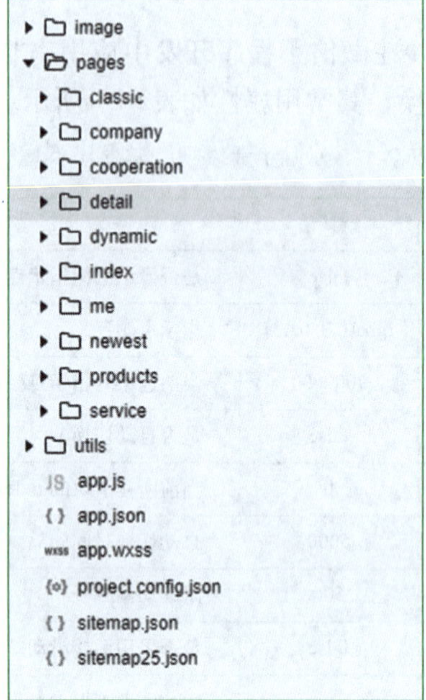

图 2-2-3　目录结构

（3）为九宫格导航栏的视图层添加渲染，打开index.wxml文件，添加如下代码：

```
<view class="index-nav">
  <navigator url="/pages/company/company">
    <view>
      <image src="../../image/n1.png"></image>
      <text>公司简介</text>
    </view>
  </navigator>
  <navigator url="/pages/service/service">
    <view>
      <image src="../../image/n2.png"></image>
      <text>产品服务</text>
    </view>
  </navigator>
  <navigator url="/pages/classic/classic">
    <view>
      <image src="../../image/n3.png"></image>
      <text>典型案例</text>
    </view>
  </navigator>
  <navigator url="/pages/dynamic/dynamic">
    <view>
```

```
      <image src="../../image/n4.png"></image>
      <text>公司动态</text>
    </view>
  </navigator>
  <navigator url="/pages/cooperation/cooperation">
    <view>
      <image src="../../image/n5.png"></image>
      <text>合作共赢</text>
    </view>
  </navigator>
  <navigator url="/pages/newest/newest">
    <view>
      <image src="../../image/n6.png"></image>
      <text>最新产品</text>
    </view>
  </navigator>
</view>
```

(4) 添加样式文件，打开index.wxss文件，添加如下代码：

```
/* 容器样式 */
.index-nav{
  height: 180px;
  display: flex;
  flex-direction: row;
  align-items: center;
  background: #fff;
  margin-top: 10rpx;
  flex-wrap:wrap;
}
.index-nav view{
  flex: 1;
  flex-direction: column;
  display: flex;
  width: 250rpx;
  justify-content: center;
  align-items: center;
  margin-top: 20rpx;
}
/* 图片样式 */
.index-nav image{
  width: 100rpx;
  height: 100rpx;
}
```

```
/* 文字样式 */
.index-nav text{
 font-size: 12px
}
```

步骤3: 底部广告效果实现。

（1）为底部广告效果的视图层添加渲染，打开index.wxml文件，添加如下代码：

视 频

首页底部广告效果实现

```
<view class='a1'>
  <image src='../../image/b3.jpg'></image>
</view>
<view class='a1'>
  <image src='../../image/b2.jpg'></image>
</view>
```

（2）为底部广告效果添加样式文件，打开index.wxss文件，添加如下代码：

```
.a1 image{
width: 750rpx;
height: 300rpx;
}
```

任务考评

【首页展示】考评记录

姓名		完成日期	
序号	考核内容	标准分	评分
01	顶部轮播图效果实现	40	
02	构建九宫格导航栏	40	
03	底部广告效果实现	10	
04	完成任务收获积累：	10	
总评分		100	

学习笔记

任务二 公司简介页

任务描述

情境描述	当单击首页九宫格导航中的“公司简介”时可以进入页面，公司简介页主要是对公司基本信息进行介绍，如图2-2-4所示。  图 2-2-4　公司简介页
任务流程	（1）页面视图层渲染； （2）添加样式； （3）页面与js文件的数据绑定。
任务准备	通过官方文档了解小程序数据绑定方法。

任务目标

知识目标	熟悉wx:for列表渲染的相关知识。
技能目标	掌握页面与js文件的数据绑定。

公司简介页

任务实现

步骤1：为公司简介页视图层添加渲染，打开company.wxml文件，添加如

下代码：

```
<view class="main">
  <view class="banner">
    <image src="{{url}}" mode="aspectFill"></image>
  </view>
  <view class="mcdesc">
    <view class="main-desc">
      <view class="paragraph">{{value1}}</view>
      <view class="paragraph">{{value2}}</view>
      <view class="paragraph">{{value3}}</view>
    </view>
  </view>
</view>
```

步骤2： 添加样式文件，打开company.wxss文件，添加如下代码：

```
/* 容器样式 */
.main{
  margin-bottom: 60rpx;
  font-size: 32rpx;
  color: #888
}
/* banner图片样式 */
.banner image{
  width: 100%;
  height: 360rpx;
}
/* 子容器样式 */
.mcdesc{
  width: 94%;
  margin: auto;
  text-align: justify;
  text-justify: inter-ideograph;
  line-height: 45rpx;
}
.main-desc{
  width: 98%;
  margin: 20rpx auto;
}
/* 公司简介内容样式 */
.pargraph{
  text-indent: 50rpx;
}
```

步骤3： 为该页面添加数据绑定，打开company.js文件，在data中添加如下代码，实现页面与js文件的数据绑定操作：

```
data: {
    url:"/image/d1.jpg",
        value1:"琪斐定制家居始创于2013年，公司位于西安市长安区，是一家集设计、制造、服务于一体的家居企业[1]。",
        value2: "琪斐用全屋家私定制实现家居风格的统一，从设计、选材与规格、色彩，到功能、环保与配套升级，每一件家居产品都必须单独定制，但却都是全屋定制体系的构成单元。每个空间都有多种风格主题实现个性的需要，才能称为全屋家私定制。",
        value3: "致力于达到"物超所值的顾客体验"，是琪斐的经营哲学与愿景。让顾客亲眼看到、亲身体验到产品和服务所能给他带来的价值。让顾客弄清这些价值是怎么产生的，又有着怎样的理论依据，并以此来验证每一位顾客所看到或体验到的不是商家玩的噱头而是真正的事实。"。
    },
```

学习笔记

学习笔记

任务考评

【公司简介页】考评记录

姓名		完成日期	
序号	考核内容	标准分	评分
01	页面视图层渲染	30	
02	添加样式	40	
03	页面与 js 文件的数据绑定	20	
04	完成任务收获积累：	10	
总评分		100	

学习笔记

任务三 产品服务页

任务描述

<table>
<tr><td>情境描述</td><td>当单击首页九宫格导航中的“产品服务”时可以进入页面，产品服务页主要介绍了公司提供给客户的产品服务，包括免费上门测量尺寸、免费设计家居方案和免费出3D效果图，如图2-2-5所示。
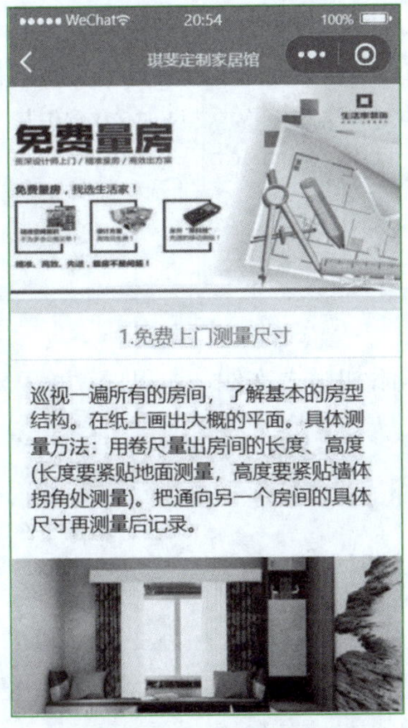

图 2-2-5　产品服务页</td></tr>
<tr><td>任务流程</td><td>（1）页面视图层渲染；
（2）添加样式；
（3）页面与js文件的数据绑定。</td></tr>
<tr><td>任务准备</td><td>了解微信小程序中页面与js文件的数据绑定方法。</td></tr>
</table>

任务目标

知识目标	熟悉小程序开发数据绑定的相关知识。
技能目标	掌握页面与js文件的数据绑定。

任务实现

步骤1: 为产品服务页视图层添加渲染，采用wx:for列表渲染减少代码量。打开service.wxml文件，添加如下代码：

视 频

产品服务页

```
  <block wx:for='{{list}}'>
    <view class="goods-box">
      <image src="{{item.url}}" class="thumb"></image>
    </view>
    <view class="goods-tab-box">
      <view class="goods_detail">{{item.title}}</view>
      <view class="goods_content">
   <view>{{item.content}}</view>
  </view>
 </view>
</block>
```

步骤2: 为其添加样式文件，打开service.wxss文件，添加如下代码：

```
/* 容器样式 */
 .goods-box{
  text-align: center;
  color: #454552;
  border-bottom: 30rpx solid #ededed
}
/* 图片样式 */
.goods-box .thumb{
  width: 100%;
  height: 390rpx;
}
/* 标题样式 */
.goods_detail{
  display: inline-block;
  width: 100%;
  height: 90rpx;
  line-height: 90rpx;
  border-bottom: 1rpx solid #ededed;
  box-sizing: border-box;
  text-align: center;
  color: #1aad19
}
/* 标题内容样式 */
.goods_content{
```

```
    padding: 40rpx;
  }
```

知识链接

元素按显示方式分为块级元素、行内元素及行内块元素，它们的显示方式由display属性控制。

1. 块级元素

块级元素默认占一行高度，一般1行内只有1个块级元素（浮动后除外），添加新的块级元素时会自动换行，块级元素一般作为容器出现，块级元素的特点如下：

- 1个块级元素占1行；
- 块级元素的高度默认由内容决定，除非自定义高度；
- 块级元素的宽度默认是父级元素的内容区宽度，除非自定义宽度；
- 块级元素的宽度、高度、外边距及内边距都可自定义；
- 块级元素可容纳块级元素和行内元素。

2. 行内元素

行内元素不必从新的一行开始，它通常会和前后的其他行内元素显示在同一行中。它们不占有独立的区域，仅仅靠自身内容支撑结构。一般不可以设置大小，常用于控制页面中文本的样式，通过设置display属性为inline将一个元素设置为行内元素。行内元素的特点如下：

- 行内元素不能设置高度和宽度，高度和宽度由内容决定；
- 行内元素内不能放置块级元素，只能容纳文本或其他行内元素；
- 同一块内，行内元素和其他行内元素在一行显示。

3.行内块元素

当元素的display属性设置为inline-block时，元素被设置为一个行内块元素，行内块元素可设置高、宽、内外边距。

步骤3: 为该页面添加数据绑定，打开service.js文件，在data下添加如下代码，实现页面与js文件的数据绑定操作：

```
data: {
    list:[
      {
        url:"/image/f11.jpg",
        title:'1.免费上门测量尺寸',
        content:"巡视一遍所有的房间，了解基本的房型结构。在纸上画出大概的平面。具体测量方法：用卷尺量出房间的长度、高度(长度要紧贴地面测量，高度要紧贴墙体拐角处测量)。把通向另一个房间的具体尺寸再测量后记录。"
      },
```

```
        {
          url: "/image/f2.jpg",
          title: '2.免费设计家居方案',
          content: "与客户沟通，收集客户信息，分析客户需求。方案设计师约客户上门，根
据客户需求完成家居设计方案。"
        }, {
          url: "/image/f22.jpg",
          title: '3.免费出3D效果图',
          content: "3D效果图就是立体的模拟图像，好的3D效果图接近于相片，像家具定制在
根据客户描述，出来家具放在家中的效果图就属于3D效果图的运用。简单地来说3D效果图的在家具中
的作用就是可以让你一目了然的了解这套家具放在你的家中是否符合你的爱好。"
        }
      ]
    },
```

学习笔记

任务考评

【产品服务页】考评记录

姓名		完成日期	
序号	考核内容	标准分	评分
01	页面视图层渲染	30	
02	添加样式	30	
03	页面与 js 文件的数据绑定	30	
04	完成任务收获积累：	10	
总评分		100	

学习笔记

任务四 典型案例页

任务描述

<table>
<tr><td>情境描述</td><td>当单击首页九宫格导航中的“典型案例”时可以进入页面，典型案例页面主要介绍公司承接的业务案例，如图2-2-6所示。

图 2-2-6　典型案例页面</td></tr>
<tr><td>任务流程</td><td>（1）页面视图层渲染；
（2）添加样式；
（3）页面与js文件的数据绑定。</td></tr>
<tr><td>任务准备</td><td>了解微信小程序中页面与js文件的数据绑定方法。</td></tr>
</table>

任务目标

知识目标	熟悉小程序开发数据绑定的相关知识。
技能目标	掌握页面与js文件的数据绑定。

任务实现

步骤1： 为典型案例页视图层添加渲染，采用显示数据与列表数据相结合的方式实

视 频

典型案例页

施。打开classic.wxml文件，添加如下代码：

```
    <view class="main">
      <view class="banner">
        <image src="{{url}}"></image>
      </view>
    </view>
<view class="mcdesc">
  <view class="main-desc">
    <view class="catinfo">
      <image src="{{list[0].url}}" class="thumb"></image>
    </view>
    <view class="pargraph">{{list[0].value}}</view>
    <view class="catinfo">
      <image src="{{list[1].url}}" class="thumb"></image>
    </view>
    <view class="pargraph">{{list[1].value}}</view>
  </view>
</view>
```

步骤2: 为其添加样式文件，打开classic.wxss文件，添加如下代码：

```
/* banner容器样式 */
.main{
  margin-bottom: 30rpx;
  font-size: 32rpx;
  color: #888;
}
/* banner图片样式 */
.banner image{
  width: 100%;
  height: 360rpx;
}
/* 案例容器样式 */
.mcdesc{
  width: 94%;
  margin: auto;
  text-align: justify;
  text-justify: inter-ideograph;
  line-height: 45rpx;
}
.main-desc{
  width: 98%;
  margin: 20rpx auto;
```

```
}
/* 案例图片样式 */
.thumb{
  width: 100%;
  height: 360rpx;
}
/* 案例介绍样式 */
.pargraph{
  text-indent: 50rpx;
}
.catinfo{
  width: 92%;
  margin: 50rpx auto;
}
```

步骤3: 为该页面添加数据绑定，打开classic.js文件，在data下添加如下代码，实现页面与js文件的数据绑定操作：

```
data: {
    url:'/image/d1.jpg',
    list:[{
      url:'/image/22.jpg',
      value:"琪斐定制卧室衣柜，定制全屋家具组合套装。整体现代简约，卧室定制衣柜衣橱。推拉门客厅全屋定做，0元设计3D图"
    },
      {
        url:'/image/33.jpg',
        value:"琪斐定制橱柜，定制现代简约石英石台面整体开放式厨房。经济型简易L型厨房橱柜定做。"
      }]
  },
```

学习笔记

任务考评

【典型案例页】考评记录

姓名		完成日期	
序号	考核内容	标准分	评分
01	页面视图层渲染	30	
02	添加样式	30	
03	页面与 js 文件的数据绑定	30	
04	完成任务收获积累：	10	
总评分		100	

学习笔记

任务五 最新产品页

任务描述

<table>
<tr><td>情境描述</td><td>单击首页九宫格导航中的“最新产品”可进入页面，该页面可显示公司最新产品信息，如图2-2-7所示。
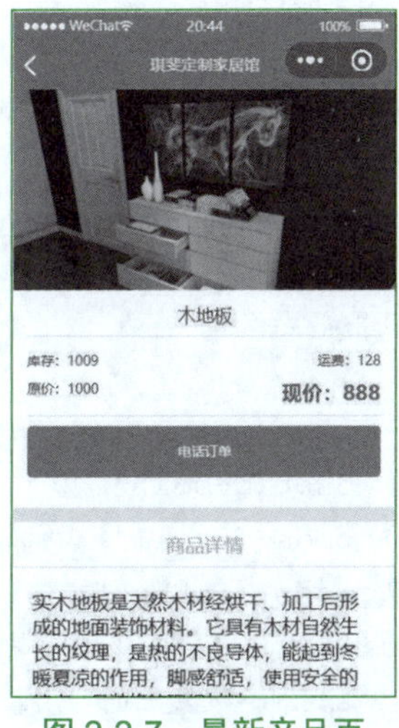

图 2-2-7 最新产品页</td></tr>
<tr><td>任务流程</td><td>（1）页面视图层渲染；
（2）添加样式；
（3）添加单击事件，调用拨打电话小程序API。</td></tr>
<tr><td>任务准备</td><td>通过官方文档了解wx.makePhoneCall拨打电话API的使用。</td></tr>
</table>

任务目标

知识目标	熟悉bindtap点击事件的使用。
技能目标	掌握wx.makePhoneCall拨打电话API的使用。

任务实现

视 频

最新产品页页面渲染

步骤1： 为最新产品页视图层添加渲染。打开newest.wxml文件，添加如下代码：

```
<view class="main">
```

```
  <view class="goods-box">
    <image src="/image/h1.jpg" class="thumb"></image>
    <view class="goods-title">木地板</view>
    <view class="goodsdetail">
      <view class="goods-left">库存: 1009</view>
      <view class="goods-right">运费: 128</view>
    </view>
    <view style="clear:both"></view>
    <view class="goodsdetail">
      <view class="goods-price-left">原价: 1000</view>
      <view class="goods-price-right">现价: 888</view>
    </view>
    <view class="ubon"></view>
    <view class="goods-operation" bindtap="telToUs">
      <text>电话订单</text>
    </view>
  </view>
  <view class="goods-tab-box">
    <view class="goods-detail"> 商品详情</view>
    <view class="goods-content">
      <view>实木地板是天然木材经烘干、加工后形成的地面装饰材料。它具有木材自然生长的纹理，是热的不良导体，能起到冬暖夏凉的作用，脚感舒适，使用安全的特点，是装修的理想材料</view>
    </view>
  </view>
</view>
```

步骤2: 为页面添加样式文件，打开newest.wxss文件，添加如下代码：

视频

最新产品页样式文件添加

```
/* 容器样式 */
.goods-box{
  position: relative;
  text-align: center;
  color: #454552;
  border-bottom: 30rpx solid #ededed
}
/* 产品图片样式 */
.thumb{
  width: 100%;
  height: 390rpx;
}

/* 新产品标题样式 */
.goods-title{
```

```
  width: 92%;
  border-bottom: 1px solid #eee;
  line-height: 80rpx;
  font-size: 36rpx;
  margin: 0 auto 30rpx;
}
/* 新产品容器样式 */
.goodsdetail{
  width: 92%;
  margin: 0 auto;
}
/* 库存信息样式 */
.goods-left{
  float: left;
  font-size: 28rpx;
  margin-bottom: 20rpx;
}
/* 运费信息样式 */
.goods-right{
  float: right;
  font-size: 28rpx;
  margin-bottom: 20rpx;
}
/* 原价信息样式 */
.goods-price-left{
  float: left;
  font-size: 28rpx;
}
/* 现价信息样式 */
.goods-price-right{
  float: right;
  font-size: 40rpx;
  color: red;
  font-weight: bold;
}
.ubon{
  clear: both;
  width: 92%;
  height: 20rpx;
  border-bottom: 1px solid #eee;
  margin: 20rpx auto;
}
/* "电话订单"按钮样式 */
.goods-operation{
```

```
    position: relative;
    width: 92%;
    height: 100rpx;
    line-height: 100rpx;
    padding: 0 50rpx;
    margin: 0 auto 60rpx;
    box-sizing: border-box;
    border-radius: 10rpx;
    background: #1aad19;
    color: #fff;
    font-size: 28rpx;
  }
  /* "商品详情"文字样式 */
  .goods-detail{
    width: 100%;
    height: 90rpx;
    line-height: 90rpx;
    border-bottom: 1px solid #ededed;
    box-sizing: border-box;
    text-align: center;
    color: #c7c7c7;
  }
  /* 商品简介内容样式 */
  .goods-content{
    padding: 40rpx;
  }
```

步骤3: 为电话订单按钮添加单击事件，调用拨打电话的小程序API。打开newest.js文件，在Page对象下，添加如下代码：

```
telToUs:function(){
    wx:wx.makePhoneCall({
      phoneNumber: '13400008888',
    })},
```

知识链接

1.元素浮动

元素浮动就是指设置了浮动属性的元素会脱离标准文档流的控制。移到其父元素中指定位置的过程，在CSS中，通过float属性来定义浮动，其基本格式如下：

{float:none|left|right}

其中，none表示元素不浮动，默认值，left表示元素向左浮动；right表示元素向右浮动。

2.元素定位

在CSS中，通过position属性可以实现对页面元素的精确定位。其基本格式如下：

```
{position:static|relative|absolute|fixed}
```

各参数含义介绍如下：

static：默认值，该元素按照标准流进行布局；

relative：相对定位，相对于它在原文档流的位置进行定位，它后面的盒子仍以标准流方式对待它；

absolute：绝对定位，相对于其上一个已经定位的父元素进行定位，绝对定位的盒子从标准流中脱离，它对其后的兄弟盒子的定位没有影响；

fixed：固定定位，相对于浏览器窗口进行定位。

学习笔记

学习笔记

任务考评

【最新产品页】考评记录

姓名		完成日期	
序号	考核内容	标准分	评分
01	页面视图层渲染	30	
02	添加样式	30	
03	添加单击事件，调用拨打电话小程序 API	30	
04	完成任务收获积累：	10	
总评分		100	

学习笔记

项目三

番茄时钟

“番茄时钟”微信小程序能够为用户提供“工作”与“休息”两种状态下倒计时功能，小程序时长的设置可以在“设置”页中完成，同时对于每次倒计时的操作可以缓存到本地并在“记录”页中展示出来，方便用户对时间进行管理。该项目的开发包括主页、记录页、设置页、项目测试及审核与发布 4 个单元。

视　频

番茄时钟
功能介绍

单元一 主 页

“番茄时钟”小程序中的主页能够在单击按钮时实现“工作”与“休息”两种状态下的倒计时，功能实现具体通过页面设计和逻辑层两个任务完成。

学习目标

- 熟悉 app.wxss 文件的作用；
- 掌握 input 组件的使用方法；
- 熟悉 wx.getStorage 和 wx.getStorageSync 缓存数据的使用。

任务一 页面设计

任务描述

情境描述	番茄时钟主页中央有倒计时时钟，分布在其下的为“工作”与“休息”的两个按钮，单击任一个按钮即可触发响应的倒计时进行计时工作，如图3-1-1所示。 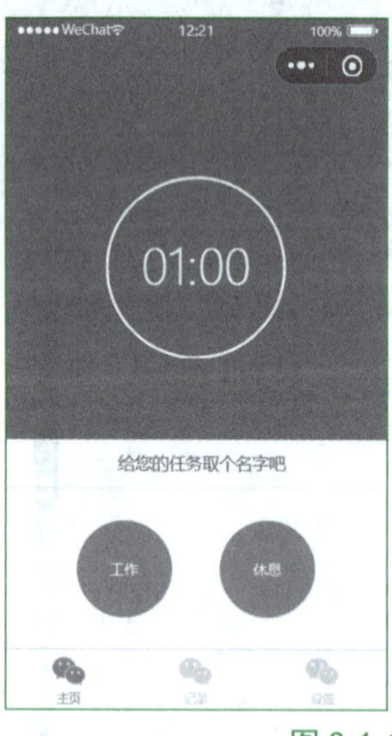 图 3-1-1　主页页面
任务流程	（1）整理初始代码； （2）添加tab标签导航； （3）主页视图层渲染。
任务准备	了解input组件的使用方法。

任务目标

知识目标	熟悉app.wxss文件的作用。
技能目标	（1）掌握tab标签导航的创建方法； （2）掌握input组件的使用方法。

任务实现

视 频
主页页面设计

步骤1： 整理初始代码，删除部分文件及代码。

（1）打开app.js文件，删除自带代码，只保留以下代码：

```
//app.js
App({
})
```

（2）删除logs文件包。

（3）打开app.json文件，删除"pages/logs/logs"，保留以下代码：

```
{
"pages":[
"pages/index/index"
  ],
"window": {
    "backgroundTextStyle": "light",
    "navigationBarBackgroundColor": "#3197ed",
    "navigationBarTitleText": "",
    "navigationBarTextStyle": "white"
  }
}
```

（4）删除index.wxml文件和index.wxss文件中所有代码。

（5）打开index.js文件，删除自带代码，只保留以下代码：

```
//index.js
//获取应用实例
const app=getApp()
Page({
})
```

（6）打开app.wxss文件，修改代码。设置页面字体属性及宽高、背景色等通用样式属性。

```
/**app.wxss**/
view{
  box-sizing: border-box;
}
page {
  height: 100%;
}
.container,input,button {
  font: 14px "Helvetica Neue","Hiragino Sans GB","Microsoft YaHei", Arial,
sans-serif;
}
.container {
  height: 100%;
  background-color: #f5f5f5;
}
```

（7）将项目资源中的image文件夹复制进项目，放在与pages同级目录下，如图3-1-2所示。

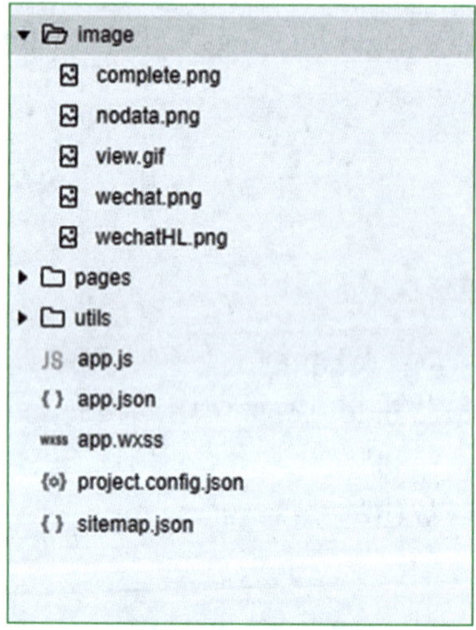

图 3-1-2　image 目录

步骤2： 打开app.json文件，添加tab标签导航页设置，顺序添加如下代码：

```
    "tabBar": {
    "color": "#dddddd",
    "selectedColor": "#3cc51f",
    "borderStyle": "black",
    "backgroundColor": "#ffffff",
    "list": [
      {
        "pagePath": "pages/index/index",
```

```
      "iconPath": "image/wechat.png",
      "selectedIconPath": "image/wechatHL.png",
      "text": "主页"
    },
    {
      "pagePath": "pages/record/record",
      "iconPath": "image/wechat.png",
      "selectedIconPath": "image/wechatHL.png",
      "text": "记录"
    },
    {
      "pagePath": "pages/setting/setting",
      "iconPath": "image/wechat.png",
      "selectedIconPath": "image/wechatHL.png",
      "text": "设置"
    }
  ]
},
```

步骤3: 主页视图层渲染。

（1）为pages/index/index.wxml文件添加代码如下：

```
<view class="container timer {{isRuning ? 'timer--runing': ''}}">
  <!--组件属性数据运算绑定-->
  <view class="timer_main">
    <view class="timer_time-wrap">
      <view class="timer_progress_mask"></view>
      <view class="timer_progress timer_left">
        <view class="timer_circle timer_circle--left" "style="transform:
  rotate({{leftDeg}}deg);"></view>
  <!—时钟左半圆旋转-->
      </view>
      <view class="timer_progress timer_right">
        <view class="timer_circle timer_circle--right"style="transform:
  rotate({{rightDeg}}deg);"></view>
  <!—时钟右半圆旋转-->
      </view>
  <!-- 倒计时时间 -->
  <text wx:if="{{!completed}}"
       class="timer_time">{{remainTimeText}}</text>
      <text
        wx:if="{{isRuning}}"
        animation="{{nameAnimation}}"
```

```
            class="timer_taskName">{{taskName}}{{completed?'已完成！': '中'}}
</text>
        <image wx:if="{{completed}}" class="timer_done" src="../../image/
complete.png"></image>
        </view>
      <!-- 任务命名输入框 -->
        <input
         type="text"
         placeholder-style="text-align:center"
         class="timer_inputname"
         bindinput="changeLogName"
         placeholder="给您的任务取个名字吧"/>
     </view>
     <view class="timer_footer">
      <!—左侧工作按钮 -->
       <view
         bindtap="startTimer"
         data-type="work"
         class="timer_ctrl{{isRuning && timerType=='rest'?'hide': ''}}">
{{isRuning ? '完成': '工作'}}</view>
      <!—右侧休息按钮 -->
       <view
         bindtap="startTimer"
         data-type="rest"
         class="timer_ctrl{{isRuning && timerType=='work'?'hide': ''}}">
{{isRuning?'完成': '休息'}}</view>
     </view>
   </view>
```

知识链接

input组件为输入框，用户可以输入相应的信息。其属性如表3-1-1所示。

表 3-1-1　input 组件的属性

属性	类型	默认值	说　明
value	string	—	输入框的初始内容
type	string	text	input 的类型
password	boolean	false	是否是密码类型
placeholder	string	—	输入框为空时占位符
placeholder-style	string	—	指定 placeholder 的样式

续上表

属性	类型	默认值	说明
disabled	boolean	false	是否禁用
maxlength	number	140	最大输入长度，设置为 -1 时不限制最大长度
cursor-spacing	number	0	指定光标与键盘的距离，取 input 距离底部的距离和 cursor-spacing 指定距离的最小值作为光标与键盘的距离
focus	boolean	false	获取焦点
confirm-type	string	done	设置键盘右下角按钮的文字，仅在 type='text' 时生效
confirm-hold	boolean	false	点击键盘右下角按钮时是否保持键盘不收起
bindinput	eventhandle		键盘输入时触发，event.detail = {value, cursor, keyCode}，keyCode 为键值，2.1.0 起支持，处理函数可以直接 return 一个字符串，将替换输入框的内容
bindfocus	eventhandle		输入框聚焦时触发，event.detail = { value, height }，height 为键盘高度
bindblur	eventhandle		输入框失去焦点时触发，event.detail = { value, encryptedValue, encryptError }
bindconfirm	eventhandle		点击完成按钮时触发，event.detail = { value }

（2）打开index.wxss文件，为index页面添加样式，代码如下：

```
/* 容器样式 */
.container {
  display: flex;
  height: 100%;
  flex-direction: column;
  overflow: hidden;
  background-color: #fff;
}
.timer_main {
  position: relative;
  display: flex;
  flex: 2;
  justify-content: center;
  align-items: center;
  text-align: center;
  background-color: #3197ed;
  transition: all .5s;
  z-index: 1;
  padding: 10px 0;
}
/* 时钟容器样式 */
```

```
.timer_time-wrap {
  position: relative;
  display: flex;
  justify-content: center;
  align-items: center;
  width: 150px;
  height: 150px;
  text-align: center;
  transition: all .3s;
}
.timer_progress {
  position: absolute;
  top: 0;
  width: 75px;
  height: 150px;
  overflow: hidden;
  transition: all .3s;
}
.timer_progress_mask {
  position: absolute;
  top: 0;
  left: 0;
  bottom: 0;
  right: 0;
  border: 3px solid #1589eb;
  opacity: 0.5;
  border-radius: 50%;
}
.timer_left {
  left: 0;
}
.timer_right {
  right: 0;
}
.timer_circle {
  position: absolute;
  top: 0;
  width: 150px;
  height: 150px;
  border: 3px solid transparent;
  border-radius: 50%;
  transition: all .3s;
}
/* 时钟左半圆样式 */
```

```
.timer_circle--left {
  left: 0;
  border-left: 3px solid #fff;
  border-bottom: 3px solid #fff;
  transform: rotate(-135deg);
}
/* 时钟右半圆样式 */
.timer_circle--right {
  right: 0;
  border-right: 3px solid #fff;
  border-bottom: 3px solid #fff;
  transform: rotate(-60deg);
}
/* 倒计时时间样式 */
.timer_time {
  font-size: 40px;
  color: #fff;
  font-weight: lighter;
  transition: font-size .3s;
}
/* 时钟状态显示文字样式 */
.timer_taskName {
  position: absolute;
  top: -100px;
  font-size: 14px;
  letter-spacing: 5px;
  color: #fff;
}
/* 倒计时完成显示图片样式 */
.timer_done {
  width: 64px;
  height: 64px;
}
/* 任务名输入框样式 */
.timer_inputname {
  position: absolute;
  bottom: -40px;
  width: 100%;
  text-align: center;
  height: 40px;
  padding-left: 10px;
  border-bottom: 1px solid #f2f2f2;
  color: #999;
}
```

```
/* 页脚容器样式 */
.timer_footer {
  display: flex;
  justify-content: center;
  align-items: center;
  flex: 1;
  padding-top: 40px;
  transition: all .3s;
}
/* 按钮样式 */
.timer .timer_ctrl {
  display: flex;
  justify-content: center;
  align-items: center;
  text-align: center;
  font-size: 12px;
  color: #fff;
  width: 80px;
  height: 80px;
  margin: 0 20px;
  border-radius: 50%;
  transition: all .7s;
  background-color: #48c23d;
}
.hide {
  display: none!important;
}
/* 时钟运行时样式 */
.timer--runing .timer_main {
  flex: 1;
}
.timer--runing .timer_time {
  font-size: 45px;
}
.timer--runing .timer_time-wrap {
  width: 200px;
  height: 200px;
}
.timer--runing .timer_progress {
  width: 100px;
  height: 200px;
}
.timer--runing .timer_circle {
  width: 200px;
```

```
  height: 200px;
}
.timer--runing .timer_footer {
  flex: 0;
  position: absolute;
  bottom: 0;
  width: 100%;
  z-index: 10;
}
.timer--runing .timer_ctrl {
  background-color: #208DEA;
  height: 30px;
  margin-bottom: 30px;
  border: 1px dashed #dedede;
  border-radius: 20px;
}
```

学习笔记

学习笔记

任务考评

【页面设计】考评记录

姓名		完成日期	
序号	考核内容	标准分	评分
01	整理初始代码	20	
02	添加 tab 标签导航	30	
03	主页视图层渲染	40	
04	完成任务收获积累：	10	
总评分		100	

学习笔记

任务二 逻辑层开发

任务描述

情境描述	通过逻辑层开发，实现主页中“工作”和“休息”两种状态的倒计时功能。当单击主页中“工作”或“休息”按钮时，会按照设置时间进行倒计时，出现圆环消失动画，倒计时结束时显示完成图片，单击“完成”按钮，返回主页初始状态，产生操作记录信息。
任务流程	（1）定义全局默认数据变量、页面临时变量、formatTime函数； （2）提取缓存数据，显示在页面上； （3）实现倒计时功能并保存操作记录。
任务准备	了解wx.getStorage和wx.getStorageSync的使用方法。

任务目标

知识目标	熟悉wx.getStorage和wx.getStorageSync缓存数据的使用。
技能目标	掌握wx.setStorage和wx.setStorageSync缓存数据的使用。

任务实现

视 频

主页逻辑层开发

步骤1： 定义全局默认数据变量。

（1）打开app.js文件，在App函数上方定义defaultTime对象，添加如下代码：

```
const defaultTime={
  defaultWorkTime: 25,                    //默认工作时间
  defaultRestTime: 5                      //默认休息时间
}
```

（2）在App函数里添加onLaunch函数，在小程序启动时，设置默认参数，并且将相应的数值保存到缓存中，添加代码如下：

```
onLaunch: function() {
    let workTime = wx.getStorageSync('workTime') //获取本地缓存中的 workTime
    let restTime = wx.getStorageSync('restTime') //获取本地缓存中的 restTime
    // 如果本地缓存中没有 workTime
    if (!workTime) {
    // 将默认工作时间存入本地缓存
```

```
      wx.setStorage({
        key: 'workTime',
        data: defaultTime.defaultWorkTime
      })
    }
   // 如果本地缓存中没有 restTime
    if (!restTime) {
      // 将默认休息时间存入本地缓存
      wx.setStorage({
        key: 'restTime',
        data: defaultTime.defaultRestTime
      })
    }
  }
```

步骤2: 定义页面临时变量，用来控制按钮显示内容展示和圆环显示角度。打开index.js文件，在Page()函数前添加临时变量，代码如下：

```
//定义默认数据值
const defaultLogName={
  work: '工作',
  rest: '休息'
}
const actionName={
  stop: '停止',
  start: '开始'
}
const initDeg={
  left: 45,
  right: -45,
}
```

步骤3: 添加页面数据绑定变量，在Page()函数中添加data对象，与xml文件绑定显示，代码如下：

```
data: {
    remainTimeText: '',                          //显示文字
    timerType: 'work',                           //定时器类型
    log: {},                                     //记录
    completed: false,                            //是否已完成定时器
    isRuning: false,                             //定时器是否在运行
    leftDeg: initDeg.left,                       //左半圆进展弧度
    rightDeg: initDeg.right                      //右半圆进展弧度
```

```
  },
```

步骤4: 定义formatTime函数，作用是时间转换，保证都是两位数显示。如将1转换成01，2转换成02，代码如下：

```
formatTime: function(time,format){
    let temp='0000000000'+time
    let len=format.length
    return temp.substr(-len)
  },
```

步骤5: 在页面展示时，将缓存中保存的数据提取出来，显示在页面上。在onShow生命周期函数中添加如下代码：

```
onShow: function(){
    //如果计时器正在运行，则不执行下面代码
    if (this.data.isRuning) return
    //获取缓存中存入的工作时间
    let workTime=this.formatTime(wx.getStorageSync('workTime'),'HH')
    // 获取缓存中存入的休息时间
    let restTime=this.formatTime(wx.getStorageSync('restTime'),'HH')
    // 绑定数据
    this.setData({
      workTime: workTime,                              // 工作时间
      restTime: restTime,                              // 休息时间
      remainTimeText: workTime+':00'                   // 倒计时显示文字
    })
  },
```

步骤6: 实现倒计时功能并且保存操作记录。

（1）添加实现保存操作记录的saveLog函数，将操作记录按顺序保存进缓存中，代码如下：

```
saveLog: function(log){
    var logs=wx.getStorageSync('logs') || []          // 获取缓存中的日志
    logs.unshift(log)                                 // 将新记录添加到数组中
    wx.setStorageSync('logs', logs)                   // 将记录存入缓存
  }
```

（2）为输入框添加数值改变监听事件changeLogName，代码如下：

```
  changeLogName: function(e){
```

```
    this.logName=e.detail.value                    // logName: 添加在记录中的名称
  }
```

(3) 为任务名称添加呼吸灯闪烁效果动画，代码如下：

```
startNameAnimation: function(){
    let animation=wx.createAnimation({
      duration: 450                                  // 动画持续450ms
    })
    // 每隔450ms透明度由0.2变为1，呼吸灯效果
    animation.opacity(0.2).step()
    animation.opacity(1).step()
    // 绑定数据
    this.setData({
      nameAnimation: animation.export()
    })
  },
```

(4) 倒计时结束时，设置结束标记，恢复圆环进度条，关闭定时器，添加如下代码：

```
stopTimer: function(){
    // 恢复进度条
    this.setData({
      leftDeg: initDeg.left,
      rightDeg: initDeg.right
    })
    // 如果存在定时器则关闭定时器
    this.timer && clearInterval(this.timer)
  },
```

(5) 根据设置的倒计时时间，更新显示时间和圆环进度条显示状态，添加代码如下：

```
updateTimer: function(){
    let log=this.data.log
    // 获取当前系统时间
    let now=Date.now()
    // 计算出剩余时间（开始时间减去当前时间）
    let remainingTime=Math.round((log.endTime-now)/1000)
    // 计算小时
    let H=this.formatTime(Math.floor(remainingTime/(60*60))%24,'HH')
    // 计算分钟
    let M=this.formatTime(Math.floor(remainingTime/(60))%60,'MM')
    // 计算秒
    let S=this.formatTime(Math.floor(remainingTime)%60,'SS')
```

```
    let halfTime
    // 更新text组件中剩余时间数据
    if (remainingTime>0){
      let remainTimeText=(H=== "00"?"": (H+":"))+M+":"+S
      this.setData({
        remainTimeText: remainTimeText
      })
    } else if(remainingTime==0){
      // 设置定时器状态为已完成
      this.setData({
        completed: true
      })
      this.stopTimer()                                    // 结束倒计时
      return
    }
    // 倒计时圆环进度
    halfTime=log.keepTime/2
    // 如果大于1/2时间，执行左半边圆的动画
    if((remainingTime*1000)>halfTime){
      this.setData({
        leftDeg: initDeg.left-(180*(now-log.startTime)/halfTime)
      })
    } else{
      this.setData({
        leftDeg: -135
      })
// 否则执行右半边圆的动画
      this.setData({
        rightDeg: initDeg.right-(180*(now-(log.startTime+halfTime))/halfTime)
      })
    }
  },
```

（6）为“开始”按钮添加startTimer单击事件，获取到设置的值以后，启动定时器，每秒更新页面显示状态，记录此次操作保存进缓存，添加如下代码：

```
startTimer: function(e) {
    let startTime=Date.now()                         // 获取系统当前时间
    let isRuning=this.data.isRuning                  // 获取定时器是否在运行
    let timerType=e.target.dataset.type              // 获取定时器类型
    let showTime=this.data[timerType+'Time']         // 显示的时间
    let keepTime=showTime*60*1000                    // 持续时间
    let logName=this.logName||defaultLogName[timerType] // 记录名称
    if (!isRuning){                                // 如果定时器没有运行启动定时器
      this.timer=setInterval((function(){
        this.updateTimer()                         // 更新时间
```

```
      this.startNameAnimation()                    // 任务名称呼吸灯闪烁动画
    }).bind(this),1000)                            // 1000ms执行一次
  } else{
    this.stopTimer()                               // 关闭定时器
  }
  this.setData({
    isRuning: !isRuning,                           // 运行状态
    completed: false,
    timerType: timerType,                          // 任务类型
    remainTimeText: showTime+':00',                // 展示文字
    taskName: logName
  })
  this.data.log={
    name: logName,
    startTime: Date.now(),                         // 开始时间
    keepTime: keepTime,                            // 持续时间
    endTime: keepTime+startTime,                   // 结束时间
    action: actionName[isRuning?'stop': 'start'],   // 状态
    type: timerType
  }
  this.saveLog(this.data.log)                      // 保存到缓存中
},
```

知识链接

微信小程序使用wx.setStorage和wx.setStorageSync缓存数据到本地，数据缓存到本地后可以使用wx.getStorage异步获取本地数据缓存和wx.getStorageSync同步获取本地数据缓存，它们都是从本地指定的key中对应的内容。wx.getStorage(Object)参数说明如表3-1-2所示。

表 3-1-2　wx.getStorage(Object) 参数说明

属性	类型	必填	说明
key	string	是	本地缓存中指定的 key
success	function	否	接口调用成功的回调函数
fail	function	否	接口调用失败的回调函数
complete	function	否	接口调用结束的回调函数（调用成功、失败都会执行）

wx.getStorage(Object)返回一个参数data，就是key对应的内容。

wx.getStorageSync(key)参数就是本地缓存中指定的key，返回指定key对应的内容。

任务考评

【逻辑层开发】考评记录

姓名		完成日期	
序号	考核内容	标准分	评分
01	定义全局默认数据变量、页面临时变量	15	
02	添加页面数据绑定变量、formatTime 函数	15	
03	提取缓存数据，显示在页面上	20	
04	实现倒计时功能并保存操作记录	40	
05	完成任务收获积累：	10	
总评分		100	

学习笔记

单元二 记录页

“番茄时钟”小程序记录页是一个将倒计时发生开始、停止时间与状态进行展示的页面，页面及功能实现主要通过视图层渲染、添加样式和逻辑层开发完成。

学习目标

- 熟悉 wx.setNavigationBarTitle 小程序 API 的使用；
- 掌握 scroll-view 组件的使用；
- 掌握 wx.showToast、wx.showModal 小程序 API 的使用。

任务 记录页的实现

任务描述

情境描述	“番茄时钟”小程序可以实现将“工作”或“休息”两种状态下倒计时发生的时间、开始和停止信息展示在“记录页”中，当单击“清除记录”按钮时可清除“记录页”中的信息内容，如图3-2-1所示。 图 3-2-1　记录页
任务流程	（1）记录页视图层渲染； （2）添加样式； （3）逻辑层开发。
任务准备	了解wx.setNavigationBarTitle、wx.showToast和wx.showModel的使用方法。

任务目标

知识目标	熟悉wx.setNavigationBarTitle小程序API的使用。
技能目标	掌握scroll-view组件的使用，wx.showToast、wx.showModal小程序API的使用。

任务实现

步骤1： 记录页视图层渲染，打开record.wxml文件，添加如下代码：

视频
记录页

```
<block wx:if="{{logs.length}}">
<!— 显示任务记录 -->
  <scroll-view class="container" scroll-y="true">
    <view class="log panel">
      <view class="log_item" wx:for="{{logs}}" wx:for-index="$index"
"wx:for-item="log">
        <text class="log_start">{{log.startTime}}</text>
        <text class="log_action">{{log.action}}</text>
        <text class="log_action">{{log.name}}</text>
      </view>
    </view>
  </scroll-view>
<!-- 清除记录按钮 -->
  <view class="clear">
    <button bindtap="switchModal" class="clear_btn" size="mini">清除记录
</button>
  </view>
</block>
<!— 显示"暂无记录"图片和提示文字 -->
<block wx:else>
  <view class="nodata">
    <image class="nodata_img" src="../../image/nodata.png"></image>
    <text class="nodata_text">暂无记录</text>
  </view>
</block>
```

步骤2： 为记录页添加样式文件，打开record.wxss文件，添加如下代码：

```
/* 可滚动视图组件样式 */
.container{
  padding-bottom: 50px;
```

```
  max-height: 92%;
}
.log {
  color: #999;
  margin: 15px 10px;
}
/* 记录容器样式 */
.log_item{
  padding: 15px 5px;
}
/* 记录文字样式 */
.log_item text {
  padding-right: 20px;
}
/* 清除按钮容器样式 */
.clear{
  position: absolute;
  bottom: 0px;
  width: 100%;
  text-align: center;
}
/* 清除按钮样式 */
.clear .clear_btn {
  margin: 10px;
  height: 35px;
  line-height: 35px;
  color:#fff;
  background-color: #fd8f58;
  border-radius: 2px;
  width: 80%;
}
.panel {
  background: #fff;
  border-radius: 3px;
  padding: 5px 10px;
}
/* 无记录提示容器样式 */
.nodata{
  display: flex;
  justify-content: center;
  align-items: center;
  height: 100%;
}
/* 无记录图片样式 */
```

```
.nodata_img{
  display: block;
  width: 45px;
  height: 45px;
}
/* 无记录提示文字样式 */
.nodata_text{
  color:#dedede;
  font-size: 12px;
  padding-left: 10px;
}
```

步骤3: 为记录页添加业务逻辑代码。

（1）打开record.js文件，在data对象中添加页面绑定数据，并添加onShow函数，代码如下：

```
data: {
    logs: []
  },
onShow: function(){
    wx.setNavigationBarTitle({                              //设置当前页面的标题
      title: '任务记录'
    })
    this.getLogs()                                          // 执行获取缓存方法
  },
```

（2）封装获取缓存操作记录的getLogs函数，添加如下代码：

```
getLogs: function(){
    let logs=wx.getStorageSync('logs')                  // 获取缓存记录
    // 遍历缓存记录
logs.forEach(function(item,index,arry){
      item.startTime=new Date(item.startTime).toLocaleString()
    })
   // 绑定数据
    this.setData({
      logs: logs
    })
  },
```

（3）添加清除缓存记录的clearLog函数，添加如下代码：

```
clearLog: function(e){
    wx.setStorageSync('logs',[])                  // 设置缓存为空
```

```
    this.getLogs()                                          // 重新读取缓存记录
    wx.showToast({                                          // 消息提示框
      title: '清除成功',
      icon: 'success',
      duration: 2000
    })
  }
```

(4) 为“清除记录”按钮添加switchModal绑定事件，代码如下：

```
switchModal: function(){
    wx.showModal({                                        //显示模态弹窗
      title: '提示',
      content: '是否清除记录？此操作不可恢复！',
      success:(res)=>{
        if (res.confirm){
          console.log('用户点击确定')
          this.clearLog();
        } else if (res.cancel){
          console.log('用户点击取消')
        }
      }
    })
  },
```

知识链接

1. wx.setNavigationBarTitle

小程序使用wx.setNavigationBarTitle(Object)动态设置当前页面标题，其Object参数说明如表3-2-1所示。

表 3-2-1 wx.setNavigationBarTitle(Object) 参数说明

属性	类型	必填	说明
title	string	是	页面标题
success	function	否	接口调用成功的回调函数
fail	function	否	接口调用失败的回调函数
complete	function	否	接口调用结束的回调函数（调用成功、失败都会执行）

2. wx.showToast

wx.showToast(Object)显示消息提示框，其参数说明如表3-2-2所示。

表 3-2-2　wx.showToast(Object) 参数说明

属性	类型	默认值	必填	说明
title	string	—	是	提示的内容
icon	string	success	否	图标
image	string	—	否	自定义图标的本地路径，image 的优先级高于 icon
duration	number	1500	否	提示的延迟时间
mask	boolean	false	否	是否显示透明蒙层，防止触摸穿透
success	function	—	否	接口调用成功的回调函数
fail	function	—	否	接口调用失败的回调函数
complete	function	—	否	接口调用结束的回调函数（调用成功、失败都会执行）

3. wx.showModal

微信小程序使用wx.showModal来显示模态弹窗，模态弹窗会覆盖底下的内容，从而使用户只能操作提供的“确定”和“取消”按钮，避免用户的误操作，wx.showModal(Object)显示模态弹窗参数说明如表3-2-3所示。

表 3-2-3　wx.showModal(Object) 参数说明

属性	类型	默认值	必填	说明
title	string	—	否	提示的标题
content	string	—	否	提示的内容
showCancel	boolean	true	否	是否显示取消按钮
cancelText	string	取消	否	“取消”按钮的文字，最多 4 个字符
cancelColor	string	#000000	否	“取消”按钮的文字颜色，必须是 16 进制格式的颜色字符串
confirmText	string	确定	否	“确定”按钮的文字，最多 4 个字符
confirmColor	string	#576B95	否	“确定”按钮的文字颜色，必须是 16 进制格式的颜色字符串
success	function	—	否	接口调用成功的回调函数
fail	function	—	否	接口调用失败的回调函数
complete	function	—	否	接口调用结束的回调函数（调用成功、失败都会执行）

【记录页】考评记录

姓名		完成日期	
序号	考核内容	标准分	评分
01	记录页视图层渲染	30	
02	添加样式	30	
03	逻辑层开发	30	
04	完成任务收获积累：	10	
总评分		100	

学习笔记

单元三 设置页

“番茄时钟”小程序的“设置页”可以对“工作”和“休息”状态下倒计时时长等参数进行设置，页面及功能实现通过页面视图层渲染、添加样式和逻辑层开发完成。

学习目标

- 掌握 slider 组件的功能、属性和使用方法；
- 掌握 switch 组件的功能、属性和使用方法。

任务 设置页的实现

任务描述

情境描述	打开“番茄时钟”小程序的“设置页”可以设置具体参数，设置内容包括工作时长、休息时长、主页背景和启用铃声，如图3-3-1所示。 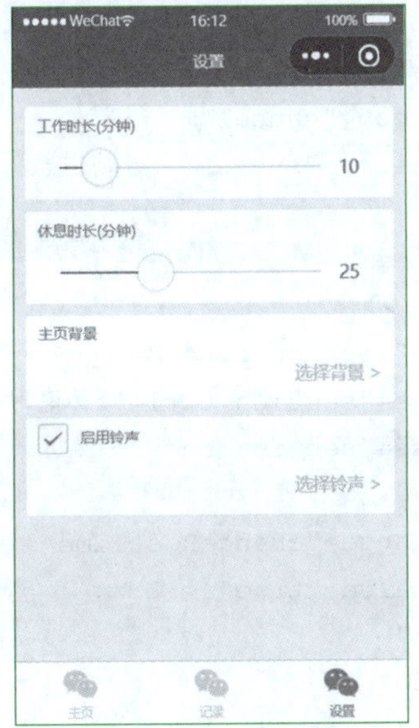 图 3-3-1 设置页
任务流程	(1) 设置页面视图层渲染； (2) 添加样式； (3) 逻辑层开发。
任务准备	了解slider和switch组件的基本知识。

任务目标

知识目标	熟悉slider和switch组件的功能和属性。
技能目标	掌握slider和switch组件的使用方法。

任务实现

步骤1: 实现“设置页”视图层渲染，打开setting.wxml文件，添加如下代码：

视 频

设置页

```
    <view class="container">
    <!-- 工作时长 -->
      <view class="section panel">
        <text class="section_title">工作时长(分钟)</text>
        <view class="section_body">
          <slider
            bindchange="changeWorkTime"
      show-value="true"
      min="1"
      max="60"
      value="{{workTime}}"
      left-icon="cancel"
      right-icon="success_no_circle"/>
    </view>
  </view>
<!-- 休息时长 -->
  <view class="section panel">
    <text class="section_title">休息时长(分钟)</text>
    <view class="section_body">
      <slider
        bindchange="changeRestTime"
        show-value="true"
        min="5"
        max="60"
        value="{{restTime}}"
        left-icon="cancel"
        right-icon="success_no_circle"/>
    </view>
  </view>
  <!-- 主页背景 -->
<view class="section panel">
    <view class="section_title">
```

```
        <text>主页背景</text>
      </view>
      <view class="section_body">
        <text bindtab=""class="section_tip">选择背景> </text>
      </view>
    </view>
   <!-- 铃声 -->
    <view class="section panel">
      <view class="section_title">
        <switch class="section_check" type="checkbox" size="mini" checked
bindchange="switch1Change"/>
        <text>启用铃声</text>
      </view>
      <view class="section_body">
        <text bindtab="" class="section_tip">选择铃声> </text>
      </view>
    </view>
  </view>
```

步骤2: 为设置页添加样式文件，打开setting.wxss文件，添加如下代码：

```
/* 容器样式 */
.container{
  padding:15px 10px;
}
.section{
  margin-bottom: 10px;
}
/* 区块标题样式 */
.section_title{
  font-size: 12px;
  color:#999;
}
/* 铃声开关选择器样式 */
.section_check{
  margin-right: 5px;
}
.section_tip{
  display: block;
  text-align: right;
  color: #CEC9C9;
  padding-bottom: 10px;
}
/* 容器样式 */
```

```
.section_body{
  margin-top: 15px;
}
.panel {
  background: #fff;
  border-radius: 3px;
  padding: 5px 10px;
}
```

步骤3: 为设置页添加业务逻辑代码。

（1）在页面显示生命周期函数中，添加获取缓存中的设置参数，并赋值给页面显示。添加代码如下：

```
onShow: function() {
  //设置当前页面的标题
  wx.setNavigationBarTitle({
    title: '设置'
  })
  // 获取缓存中的工作时间和休息时间
  this.setData({
    workTime: wx.getStorageSync('workTime'),
    restTime: wx.getStorageSync('restTime')
  })
},
```

（2）分别为工作时间和休息时间添加滑块变化值监听函数：将滑块获取到的值保存进缓存中，方便开始界面参数显示，添加代码如下：

```
changeWorkTime: function(e){
  // 将获取到的工作时间存入缓存
  wx.setStorage({
    key: 'workTime',
    data: e.detail.value
  })
},
changeRestTime: function(e){
  // 将获取到的休息时间存入缓存
  wx.setStorage({
    key: 'restTime',
    data: e.detail.value
  })
}
```

知识链接

1. slider组件

slider滑动选择器组件经常被用来设置最小值、最大值、步长、是否禁用、背景条颜色等，具体属性如表3-3-1所示。

表 3-3-1　slider 滑动选择器组件属性

属性	类型	默认值	必填	说明
min	number	0	否	最小值
max	number	100	否	最大值
step	number	1	否	步长，取值必须大于 0，并且可被 (max - min) 整除
disabled	boolean	false	否	是否禁用
value	number	0	否	当前取值
color	color	#e9e9e9	否	背景条的颜色（请使用 backgroundColor）
selected-color	color	#1aad19	否	已选择的颜色（请使用 activeColor）
activeColor	color	#1aad19	否	已选择的颜色
backgroundColor	color	#e9e9e9	否	背景条的颜色
block-size	number	28	否	滑块的大小，取值范围为 12 ~28
block-color	color	#ffffff	否	滑块的颜色
show-value	boolean	false	否	是否显示当前 value
bindchange	eventhandle	—	否	完成一次拖动后触发的事件，event.detail = {value}
bindchanging	eventhandle		否	拖动过程中触发的事件，event.detail = {value}

2. switch组件

switch开关选择器组件可以用来控制状态的变更，如声音的状态可以是静音或震动，这样状态的设置就可以通过switch开关选择器组件来控制，它的属性如表3-3-2所示。

表 3-3-2　switch 组件属性

属性	类型	默认值	必填	说明
checked	boolean	false	否	是否选中
disabled	boolean	false	否	是否禁用
type	string	switch	否	样式，有效值：switch, checkbox
color	string	#04BE02	否	switch 的颜色，同 css 的 color
bindchange	eventhandle	—	否	checked 改变时触发 change 事件，event.detail={ value}

学习笔记

任务考评

【设置页】考评记录

姓名		完成日期	
序号	考核内容	标准分	评分
01	设置页视图层渲染	30	
02	添加样式	30	
03	逻辑层开发	30	
04	完成任务收获积累：	10	
总评分		100	

学习笔记

单元四 项目测试及审核与发布

微信小程序开发完成之后需要进行项目测试和审核，通过项目测试和审核之后，才能进行项目的正式发布。本单元包括项目测试、项目的审核与发布两个任务。

学习目标

- 熟悉小程序测试流程；
- 掌握权限测试、分类测试、版本配置测试、兼容性测试、易用性测试等测试方法；
- 熟悉《微信小程序平台运营规范》；
- 了解《微信小程序平台审核常见被拒绝的情形》；
- 掌握小程序审核与发布的基本操作方法，主要包括：上传代码、提交审核、审核信息填写及项目发布。

任务一 项目测试

任务描述

<table>
<tr><td>情境描述</td><td>客户对微信小程序开发产品都有着较好的期望，希望开发一款界面美观，功能体验良好的产品。要达到这个目标，项目测试则是其中关键的环节。
项目测试是小程序在开发后和上线运营前的一系列检测和实验工作。在目标管理的PDCA(计划、做、检查、反馈)模型里面，小程序测试是对计划和工作做检查和反馈。小程序开发有一个既定的目标，根据需求文档开发的产品，但是小程序产品开发的结果如何，有没有达到产品开发的目标，在实际应用中会不会出现各种各样的问题，就需要严格完善的测试。
小程序测试的目的是根据小程序开发文档，检查产品功能是否完善，产品能否正常运行，产品问题有哪些，并形成测试文档，便于设计部和研发部对产品进行修改，最终达到小程序可以正常运行的目的。</td></tr>
<tr><td>任务流程</td><td>(1) 权限测试；
(2) 分类测试；
(3) 版本配置测试；
(4) 兼容性测试；
(5) 易用性测试。</td></tr>
<tr><td>任务准备</td><td>了解测试流程。</td></tr>
</table>

任务目标

知识目标	熟悉小程序测试流程。
技能目标	掌握权限测试、分类测试、版本配置测试、兼容性测试、易用性测试等测试方法。

任务实现

步骤1： 权限测试。

需要检查以下几种情况下微信用户访问的权限。

（1）未授权微信登录小程序。如果未授权当使用一些业务功能时，都会弹出提醒，即先授权再操作对应功能，或者在提交数据到后台时，会提示补充相关身份信息才能提交成功。

（2）已授权微信登录小程序。授权微信访问小程序，意味着个人的微信账号可被小程序管理方所获取，自动以微信的身份行使业务操作权限，如咨询、支付、数据查询等。

（3）同一微信号在不同手机端登录授权查看数据权限。同一微信号在不同手机微信端授权登录同一小程序之后，所能查看的数据和操作的权限都应该是同步一致的。

步骤2： 分类测试。

（1）按功能模块测试。根据项目设计完成各个功能模块划分，然后再逐级细化，覆盖到每个功能尽可能全面的测试点。

（2）按业务流程测试。根据小程序业务，把各个功能点串联起来形成完整的业务流程来测试；对于同一个业务，可能有不同的路径来实现，每个路径都需要覆盖测试。

（3）按数据流向测试。根据数据从某一端操作输入和输出流向，设计基于数据流的测试用例，输出的数据也可能成为另外一端的输入，测试输入的数据是否按照代码逻辑执行正确的输出，是否数据发生异常，包括无法输入、有输入却无任何输出、输出不正确或多余的输出其他信息等。

（4）同一功能不同的入口有效性的测试。小程序中在首页、列表页、详细页及其他业务功能相关页面，都有可能存在同一个功能的入口，每一个入口路径都需要覆盖测试。

（5）交互性检查。一般而言，产生数据和功能交互变化的情况主要有这几个分类：前台与前台、后台与后台、前台与后台。前台从A1页面提交的数据，可能需要在前台A2页面查看到，也会在对应后台的B页面查到记录；后台B1页面修改或添加的数据，对应到前台的A页面产生交互变化，后台本身的不同页面之间也可能存在同一个数据的输出值。

步骤3： 版本配置测试。

有时小程序一次性做了几套不相同的版本，在前端程序代码中修改配置参数，保存后重新编译，即可从一个版本切换到另一版本，同时也需要在管理后台作相应的切换，以保证前端进行数据调用。

对于非公用的部分，不同版本直接的切换，需要保证彼此的功能模块和数据独立性不受干扰影响，即不同版本的管理后台所添加的数据只应该调用到各自对应模板的前台小程序中，不同版本的小程序从前台提交的数据也只会提交到各自管理后台，不应该有交差重叠。对于公用的部分，切换不同的版本，都会显示相同的内容。对于这些版本配置问题应当做相应的测试

步骤4： 兼容性测试。

（1）手机操作系统。

常规的手机端OS为：Android（11.x/10.x/9.x/8.x...）、IOS（15.x/14.x/13.x...）。

（2）微信版本。

对于已上线的小程序，有可能会因为微信版本升级之后导致对部分小程序的组件支持产生冲突，在手机端微信上查看的小程序页面出现样式有异常，比如出现少部分区域的黑屏，这种情况需要同步在小程序的程序包中修改一些组件再次更新。

步骤5： 易用性测试。

（1）导航。定位到页面某个模块所在位置，回到顶部或底部，导航条的收展，导航标签的文字是否容易理解。

（2）功能入口。重要且常用业务的功能入口，是否在比较显眼的位置，业务操作过程是否便于大多数用户使用和查看。

（3）上下层级进入与返回。

首页与列表页、列表页与详细页 、首页与详细页。不同层级之间的进入和返回实现是否有相应按键易操作。

（4）字体、图片、动态交互效果。

字体：包括标签、标题、内容、动态播放字体等。

图片：包括轮播图、背景图、封面图、触屏产生的交互图等。

学习笔记

学习笔记

任务考评

【项目测试】考评记录

姓名		完成日期	
序号	考核内容	标准分	评分
01	权限测试	20	
02	分类测试	20	
03	版本配置测试	20	
04	兼容性测试	10	
05	易用性测试	20	
06	完成任务收获积累：	10	
总评分		100	

学习笔记

任务二 项目的审核与发布

任务描述

情境描述	为了保证小程序的质量，以及符合相关的规范，小程序在发布前需要经过审核。审核通过的前提是保证提交的小程序功能完整、可正常打开和运行，而不是测试版或Demo，多次提交测试内容或Demo将受到相应的处罚。同时应遵守《微信小程序平台运营规范》，避免出现审核常见被拒绝的情形。
任务流程	（1）上传代码； （2）提交审核； （3）审核信息填写； （4）项目发布。
任务准备	了解《微信小程序平台运营规范》《微信小程序平台审核常见被拒绝的情形》。

任务目标

知识目标	熟悉《微信小程序平台运营规范》《微信小程序平台审核常见被拒绝的情形》。
技能目标	掌握小程序审核与发布的基本操作方法，主要包括：上传代码、提交审核、审核信息填写及项目发布。

任务实现

步骤1: 上传代码。

在微信开发者工具中打开项目，单击顶部导航条中的“上传”按钮，在窗口中填写“版本号”和“项目备注”，如图3-4-1所示，填写完成后单击“上传”按钮。

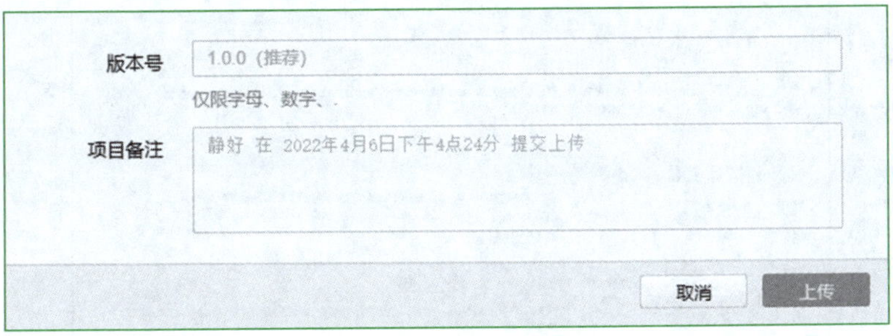

图 3-4-1 上传代码

步骤2: 提交审核。

进入微信公众平台（http://mp.weixin.qq.com），并使用开发者账户登录，成功登录后，单击左侧的“版本管理”。在“开发版本”栏展示已上传的提交项目版本信息，如图3-4-2所示。

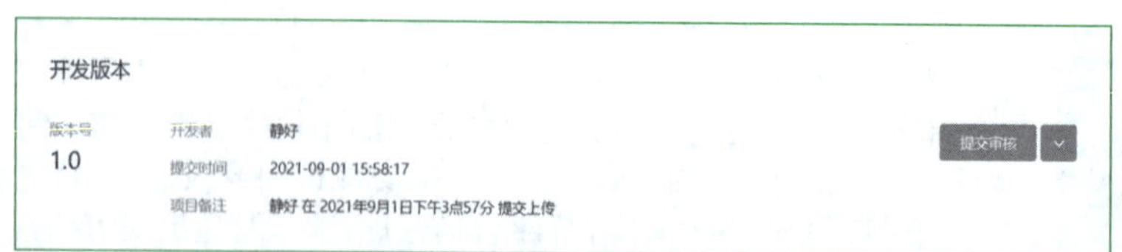

图 3-4-2 提交项目版本信息

步骤3: 审核信息填写。

在“开发版本”栏单击“提交审核”按钮，会弹出“提交审核的相关须知”对话框，仔细阅读小程序运营规范后，勾选“已阅读”复选框，然后单击“下一步”按钮，如图3-4-3所示。打开“提交审核”界面，填写审核信息，填写完成后单击“提交审核”按钮，如图3-4-4所示。

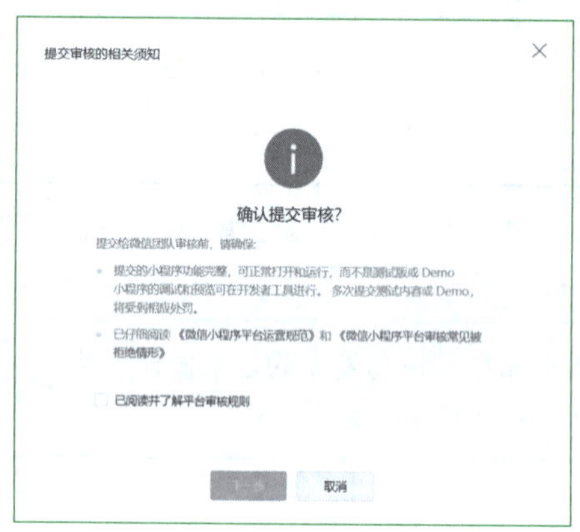

图 3-4-3 “提交审核的相关须知”对话框

提交审核

你正在提交开发版 1.0，所填信息只用于审核，不会展示给用户。

版本描述

0/200

图片预览（选填） 可上传小程序截图，最多上传10张图片。图片支持jpg、jpeg、bmp、gif或png格式，图片大小不超过5M。

上传文件

视频预览（选填） 可上传小程序使用录屏，最多上传1个视频。视频支持mp4格式，视频大小不超过20M。

上传文件

测试账号（选填） 请提供审核测试使用的测试账号

若该小程序需要登录账号才可使用，请填写供审核使用的测试账号和密码。请勿填写真实账号和密码。

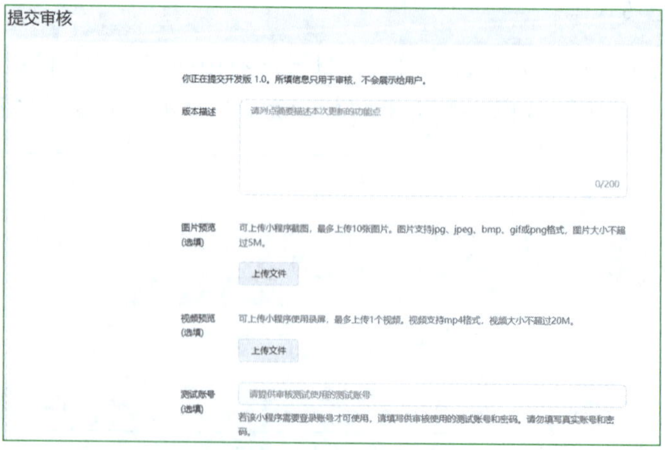

图 3-4-4 “提交审核”界面

步骤4： 项目发布。

提交审核后，提交的小程序版本会出现在审核版本栏目中，等待审核通过即可。代码审核通过后，开发者手动单击“发布”按钮，小程序会发布到线上提供服务。

知识链接

微信小程序平台审核常见拒绝情形：

1. 账号基本信息

（1）小程序名称、简介、Logo、服务范围、服务标签、账号基本信息文字均不得：

①侵犯他人权益（著作权、商标权、肖像权、名誉权等）。

②含有商业化用语的、热门小程序名称、“国家级”“最高级”等新广告法明令禁止或其他无关的词语。

③含有政治、色情、敏感、暴力血腥、恐怖、其他国家法律法规禁止的词汇及违法内容。

（2）特别规则

①小程序名称、简介：

• 小程序的简介需明确介绍小程序的功能点，不能使用模糊的词义表达。

• 名称、简介的信息表达的意思必须有关联，具有一致性，并应与实际提供的功能一致，不含有与功能无关的搜索热词。

• 小程序名称不能以电话、邮件、日历、小游戏等广义归纳类、斗地主、麻将等通用游戏名称类或者其他普遍且不具有识别性词语来命名。

②小程序头像Logo：

• 小程序头像Logo清晰度不够时，不予通过。

• 小程序头像Logo应与名称、简介保持一致。

• 小程序头像Logo不得包含腾讯、微信等官方品牌标识。

③小程序的服务范围和服务标签：

小程序所设置的服务标签，应与所选的服务范围保持一致。标签不能超出服务范围。

2.服务类目审核

服务类目是指开发者按照小程序所提供的服务类型和所涉及的服务内容，在平台提供的分类分级表格中选择对应的行业范围。

（1）小程序的类目要和自身所提供的服务一致。

①小程序服务类目所对应的页面中的核心内容必须与该类目一致。

②必须保证用户在该页面能使用该服务类目，不得隐藏，不得进行多次跳转。

③你需根据实际提供服务范围慎重选择服务类目，一旦你选择了游戏类目，该类目将不可修改变更为其他小程序类目。

（2）小程序的服务类目链接使用正常，不存在违法违规或不符合与腾讯所签署的相关协议、腾讯公布的相关规则、规范等内容。

3. 小程序整体审核规则

（1）小程序基本功能审核规范

①小程序所实际提供的功能点，需要与小程序的简介一致。

②小程序所提供的所有服务类目功能，必须在小程序首页得到体现，即在小程序首页必须能直达或者经过2次点击到达所有本文档2（服务类目审核）中提交的服务类目页面。

③小程序实际所提供的服务不得属于尚未开放的服务范围。不应超出小程序平台已开放的类目库范围。

④小程序中若存在隐藏或付费功能（比如仅充值可见，仅会员可见等受限功能点），该功能的实现不得含有色情、暴力、政治敏感或其他违法违规内容，开发者提供的测试号需可完整呈现和体验该功能。

⑤小程序的功能应具有使用价值，不能过于简单，示例：只有一个页面，只有一个按钮。

⑥未经腾讯公司授权的情况下，不得在小程序中提供与微信客户端功能相同或类似的功能。

⑦在未经允许或未经腾讯公司授权的情况下，不得展示和推荐第三方小程序。

⑧小程序功能的使用，无须以关注或使用其他号为条件。

（2）小程序页面内容审核规范

①小程序的页面内容中，存在诱导类行为，包括但不限于诱导分享、诱导添加、诱导关注公众号、诱导下载等，要求用户分享、添加、关注或下载后才可操作的程序，含有明示或暗示用户分享的文案、图片、按钮、浮层、弹窗等的小程序，通过利益诱惑诱导用户分享、传播的小程序，用夸张言语来胁迫、引诱用户分享的小程序，强制或诱导用户添加小程序的，都将会被拒绝。

②小程序的页面内容中，主要为营销或广告用途（如内含空白广告位、招商广告等），将会被拒绝；示例：漂浮悬浮广告，含有功能使用的页面中的广告展示比例超过50%，广告遮挡功能。

③小程序的页面内容中，存在对用户产生误导、引发用户恐惧心理、严重破坏用户体验或损害用户利益的谣言类等内容的，将会被拒绝。

④小程序的页面内容中，不能存在测试类内容；示例：算命、抽签、星座运势等。

⑤小程序的页面内容中不能存在虚假、欺诈类内容，包括但不限于虚假红包、虚假活动、宣传或销售侵害他人合法权益的商品，仿冒腾讯官方或他人业务，其他可能造成微信用户混淆的内容和服务等。

⑥小程序的页面中不能含有传播骚扰信息、广告信息和垃圾信息等内容。

⑦小程序的页面中不得含有可能违反与腾讯签订的、任何形式的服务协议、平台协议、功能协议的内容。

⑧含有发布、传送、传播、储存违反国家法律法规的或含有以下信息内容的，将会被拒绝：

• 反对宪法所确定基本原则的，危害国家安全、泄露国家秘密、颠覆国家政权、破坏国家统一 、损害国家荣誉和利益的小程序；

• 任何带有虚假、欺诈内容等的小程序不予通过；

• 任何召集、推销、鼓动犯罪或有明显侵犯社会善良风俗行为的小程序不予通过；

• 任何包含法律法规禁止传播内容的小程序不予通过；

• 小程序内容包含反政府、反社会或不符合主流政治的行为的，或存在煽动性的涉政言论或国家法律禁止的内容的，或含有散布谣言，扰乱社会秩序，破坏社会稳定信息的，不予通过；

• 小程序内容不能含有色情素材（即旨在激发情欲，对性器官或性行为的明确描述或展示，而无关美学），或存在涉嫌宣扬传播淫秽、色情内容信息，包括暴露图片、挑逗内容等的，或包含非法色情交易的信息；

• 小程序内容不能包含煽动民族仇恨、民族歧视、破坏民族团结的内容、破坏国家宗教政策、宣扬邪教和封建迷信的；

• 小程序内容不能包含展示人或动物被杀戮、致残、枪击、针刺或其他伤害的真实图片，描述暴力或虐待儿童的，或包含宣扬暴力血腥内容的，或包含侮辱或者诽谤他人，侵害他人合法权益信息的，将会被拒绝；

• 小程序内容不能包含赌博、有奖竞猜和抽奖的内容，提供游戏类目服务的小程序如采取随机抽取方式提供虚拟道具和增值服务的，不得诱导用户以直接投入法定货币或者虚拟货币的方式参与；

• 小程序内容不能包含诱发未成年人违反公德、违法犯罪的行为的内容以及妨害未成年人身心健康的内容。

⑨小程序内的图片上不能含有广告、网址或虚假内容。

⑩小程序代替用户发表、发送、转交任何内容前，必须征得用户明确同意和授权。

⑪ 小程序的服务提供者必须提供过滤不当内容的措施。示例：设置对发布色情、赌博等涉嫌违法违规的词汇进行过滤提示的措施。

⑫ 小程序页面中不能存在误导和错误暗示腾讯公司与该小程序有任何合作、投资、背书关系的内容，例如误导和错误暗示腾讯公司是该小程序运营者，或者误导和错误暗示腾讯公司以任何形式表示认可其质量、服务或与其存在合作关系该小程序事实上并非为腾讯公司运营。

（3）可用性和完整性

①提交的小程序须是一个完成品，要求可以打开，可以运行，且不可以是一个测试版。示例：不可运行、存在崩溃、闪退、按钮没有响应、文字表述不完整等。

②本身会崩溃，或小程序会造成微信客户端崩溃的，将会被拒绝。

③存在严重Bug的小程序（如无法添加和打开、无法返回和退出、卡顿严重等），将会被拒绝。

④若小程序中存在账号体系，需提供测试号，包含账号和密码（可以体验所有功能）。

（4）用户隐私和数据安全

①在收集和使用用户任何数据时，必须明确告知用户该数据的用途，确保经过用户明确同意和授权，并应在用户同意和授权的范围内进行合理使用。在用户注销账号后应相应删除相关数据。数据包括但不限于获取地理位置、用户通讯录、用户手机号码等。

②不得在小程序任何页面请求或诱导用户输入微信用户的用户名或密码。

③不得将搜索小程序功能加入小程序。

④不得在页面中进行或将通过小程序收集到的用户数据私下进行出售、转交、交易、越权披露或泄露。

⑤不得在未经用户授权同意的情况下，显示用户相关数据，比如：头像、昵称等信息。

⑥小程序不得要求用户降低手机操作系统安全性（如要求iPhone用户越狱、Android 用户ROOT 等）后，方能使用相关功能。

⑦若小程序有需要追踪用户的地理位置的功能，则必须提供退出该位置追踪的功能和明确指示。

（5）技术实现规范性

①需要提供小程序文档和说明。

②禁止视频、音乐、语音等多媒体的自动播放。

③安装或运行其他可执行代码的程序，将会被拒绝。

④违规加载或更新代码，将会被拒绝。

⑤如果小程序有账户系统，必须提供能正常使用且易于发现的“退出”账户选项。

（6）UI 规范

①符合WeApp UI 规范。

②小程序页面内的浮层和弹窗可关闭。

③小程序的界面必须遵守微信的外观和功能，不得提供改变微信外观和功能的产品体验。

④小程序的界面不得模仿系统通知或警告诱导用户点击。

⑤小程序头像logo需使用透明或有色背景。若使用白色背景，需使用有色边框。

⑥如相关法律法规规定提供服务的界面必须进行特别信息标识的，应予以明确标识。如小游戏必须在游戏开始画面显著位置标明游戏的批准文号、网络游戏出版号以及著作权登记号，全文登载《健康游戏忠告》等。

【项目的审核与发布】考评记录

姓名		完成日期	
序号	考核内容	标准分	评分
01	上传代码	20	
02	提交审核	20	
03	审核信息填写	30	
04	项目发布	20	
05	完成任务收获积累：	10	
总评分		100	

学习笔记

参 考 文 献

[1] 周文洁. 微信小程序开发零基础入门 [M]. 北京：清华大学出版社，2019.

[2] 刘刚. 微信小程序开发必备100Tip [M]. 北京：电子工业出版社，2017.

[3] 黑马程序员. 微信小程序开发实战 [M]. 北京：人民邮电出版社，2019.

[4] 张帆. 微信小程序开发零基础入门 [M]. 北京：电子工业出版社，2017.

[5] 诸葛斌. 微信小程序开发边做边学 [M]. 北京：清华大学出版社，2020.